Berauschende Bienen
Mythologie, Folklore und psychoaktiver Honig
—
Fabian Kalis

# Berauschende Bienen

## Mythologie, Folklore und psychoaktiver Honig

—

*Fabian Kalis*

Impressum

Nachtschatten Verlag AG
Kronengasse 11
CH-4500 Solothurn
www.nachtschatten.ch
info@nachtschatten.ch



Der Nachtschatten Verlag wird vom Bundesamt für Kultur mit einem Strukturbeitrag für die Jahre 2016–2020 unterstützt.

Lektorat und Bildredaktion: Nina Seiler
Fachlektorat: Markus Berger
Korrektorat: Inga Streblow
Layout: Tobias Strebel, Nina Seiler
Umschlaggestaltung: Nina Seiler
Umschlagfoto: Ivar Leidus

Druck und Herstellung: Druck und Verlag Steinmeier, Deiningen
ISBN 978-3-03788-597-0

# Inhaltsverzeichnis

# Vorwort

Angeheitert – *high sein* – von Honig? Gibt's das? Na klar, ich hab's erlebt! In den rund drei Jahren, die ich bei dem Maya-Stamm der Lakandonen im südlichen mexikanischen Regenwald (Chiapas) gelebt und geforscht habe. In dieser Zeit konnte ich viel über den tropischen Regenwald und das heidnische Stammesleben lernen. Aber das Lernen hört nicht auf. Jedes Mal, wenn ich »meinen« Stamm besuche, erfahre ich Neues, oft Ungeahntes.

Als ich einmal eine etwas abgelegen siedelnde Lakandonfamilie besucht habe, erlebte ich eine Überraschung. »Wir haben gerade einen Honig geerntet, der berauscht; möchtest du ihn probieren?« Na klar, das wollte ich sehr gerne. Die Frau des Hauses reichte mir eine Baumkürbisschale (etwa 700 Milliliter) mit einem Getränk aus angegorenem, aber alkoholfreiem Maisteig. Darin hatte sie etwa drei Esslöffel vom besagten Honig aufgelöst. Der gesüßte Trank mundete hervorragend. Mir wurde empfohlen, die Schale schnell auszutrinken. Nach rund zehn Minuten merkte ich, wie sich mein Geist lüftete. Ich war wirklich high! – Extrem angenehm. Ich wurde euphorisch und köstlich berauscht. Die anwesenden Lakandonen hatten auch davon genascht. Wir verbrachten einen sehr lustigen Nachmittag; die Lakandonen lieben es, sich zu amüsieren, zu lachen und eine gute Zeit miteinander zu verbringen – und möglichst witzigen Klatsch auszutauschen.

Ich wollte natürlich mehr über diesen Rauschhonig herausfinden. Er stammt von den kleinen endemischen, schwarzen und stachellosen Bienen. In einem genau bekannten Zeitraum sammeln sie den Nektar von bestimmten Blüten und produzieren Rauschhonig. Leider konnte ich nicht herausfinden, welche Blüten von welchen Pflanzen die Bienen anfliegen mussten. Ich weiß leider nicht, ob es nur eine Pflanzenart ist oder ob es mehrere Arten sind und in welchem Verhältnis sie zueinander sein müssen.

Als ich an meiner *Enzyklopädie der psychoaktiven Pflanzen* arbeitete, stieß ich auf einige Hinweise zu berauschenden Honigsorten, zum Beispiel dem Tollhonig, der von Tollkirschenblüten gesammelt wird, oder dem Pontischen Honig, der laut Literatur stark berauschen soll und der schon in der Antike bekannt und berüchtigt war. Ich habe immer gedacht, dass der Rauschhonig ein ideales Forschungsthema für eine Doktorarbeit wäre. Mir ist aber bisher keine Dissertation dieser Art bekannt geworden. Schade!

Dann lernte ich vor ein paar Jahren bei einem Seminar den Imker Fabian Kalis kennen. Er erzählte mir, dass er an einem Buch über Rauschhonige arbeiten würde. Ich war begeistert und bat ihn darum, ein Vorwort schreiben zu dürfen, wenn das Manuskript dann fertig sei. Und tatsächlich erscheint jetzt dieses Buch im geliebten Nachtschatten Verlag – mit meinem Vorwort.

Ich hoffe sehr, dass Fabian eine große und interessierte Leserschaft finden wird. Auf jeden Fall ist dieses Buch das erste zum Rauschhonig, eine Pionierarbeit.



Möge allen der berauschende Honig wohl bekommen!

*Hamburg, in der Corona-Zeit*
*Christian Rätsch*

Bumble Bees

# Einleitung

Die Honigbiene ist wohlbekannt für ihren leckeren Honig. Auch die heilenden Eigenschaften von Propolis und Gelée Royale sind immer mehr in aller Munde. Und spätestens seit das große Bienensterben in den Medien Thema ist, denkt man auch an die Wichtigkeit der Bienen in Ökologie und Umweltschutz. Doch die Bienen haben noch eine ganz andere interessante Geschichte: Es geht um Mythen, Kulte, Folklore und das Mysterium des psychoaktiven Honigs. Und um genau diese unbekannten und fast vergessenen Aspekte geht es in diesem Buch.

Wer hätte gedacht, dass eine der ältesten Dichtungen in deutscher Sprache eigentlich ein alter Bienenzauberspruch ist? Oder dass Bienen alten Kulturen als Orakel dienten? In Äthiopien waren es Bienenschwärme, die ein neues Stammesoberhaupt bestimmen durften. In einigen Gegenden Nordeuropas ist es bis heute Brauch, die Bienen bei Trauerfällen in schwarze Tücher zu hüllen. In unserer modernen Zeit sind es Bienen, die an Flughäfen, der Technik weit überlegen, zum Aufspüren von illegalen Drogen genutzt werden.



Der Honig, den viele heute nur noch als klebrigen, süßen Brotaufstrich kennen, hat seit jeher eine tiefe Verbindung mit der Kultur des Menschen. Für Völker auf der ganzen Erde war und ist der Honig ein Geschenk ihrer Götter. Er war in weiten Teilen der Welt lange Zeit das einzige Süßungsmittel. Sein Wohlgeschmack und seine Seltenheit vor der organisierten Bienenzucht machten ihn wahrlich zu etwas Besonderem.

Aber Honig war nicht immer nur ein Genussmittel. Die Menschen wussten schon sehr früh um die heilenden Eigenschaften des Honigs bei verschiedenen Krankheiten; in Krisenzeiten, in denen das Geld als Währung versagt, ist Honig ein beliebter Zahlungsmittelersatz, und gerade in seiner vergorenen Form als berauschender Met erfreut er sich auch heute noch großer Beliebtheit. Rausch ist seit jeher ein Grundbedürfnis des Menschen, und in vielen ursprünglichen Kulturen wurden daher schon immer psychoaktive

Stoffe konsumiert, um zu heilen, Visionen zu erlangen oder die Götter um Rat zu fragen. Die Menschen bedienen sich dazu verschiedener Stoffe, meist sind es Pflanzen oder Pilze. Aber auch Honig kann als bewusstseinsverändernde Substanz eingenommen werden. Und dafür ist nicht immer seine vergorene Form vonnöten. Natürlich eignet sich nicht jeder Honig, aber ein paar seltene Honigsorten, die Kennern als Heiligtum und Entheogen dienen, vermögen eine ungeahnte Wirkung auf den Geist auszuüben. In der Antike machte solch ein Honig ein komplettes Heer kampfunfähig. Heutzutage ist das Wissen um solch besondere Honige in Vergessenheit geraten. Lediglich Meldungen über giftigen Honig in Nachrichten und Presse lassen eine Ahnung in diese Richtung zu, denn eine berauschende Wirkung – egal ob durch Pilz, Pflanze oder in diesem Fall Honig – wird von Menschen, die mit Psychoaktiva nichts zu tun haben, oft fälschlicherweise als Vergiftungserscheinung interpretiert.

Doch Bienenprodukte können unseren Geist noch in einer ganz anderen Weise verzaubern. Als Aphrodisiakum genutzt werden sie zu einem Lust- und Liebesmittel. Dies ist überhaupt nicht verwunderlich, ist die Biene doch auch ein Symbol für Fruchtbarkeit. Und ebenso sind insbesondere Honig, aber auch andere Bienenprodukte Bestandteil von Räuchermischungen, die mit ihrem Wohlgeruch auf unsere Psyche einwirken. Auch diese Themen werden im vorliegenden Buch behandelt.

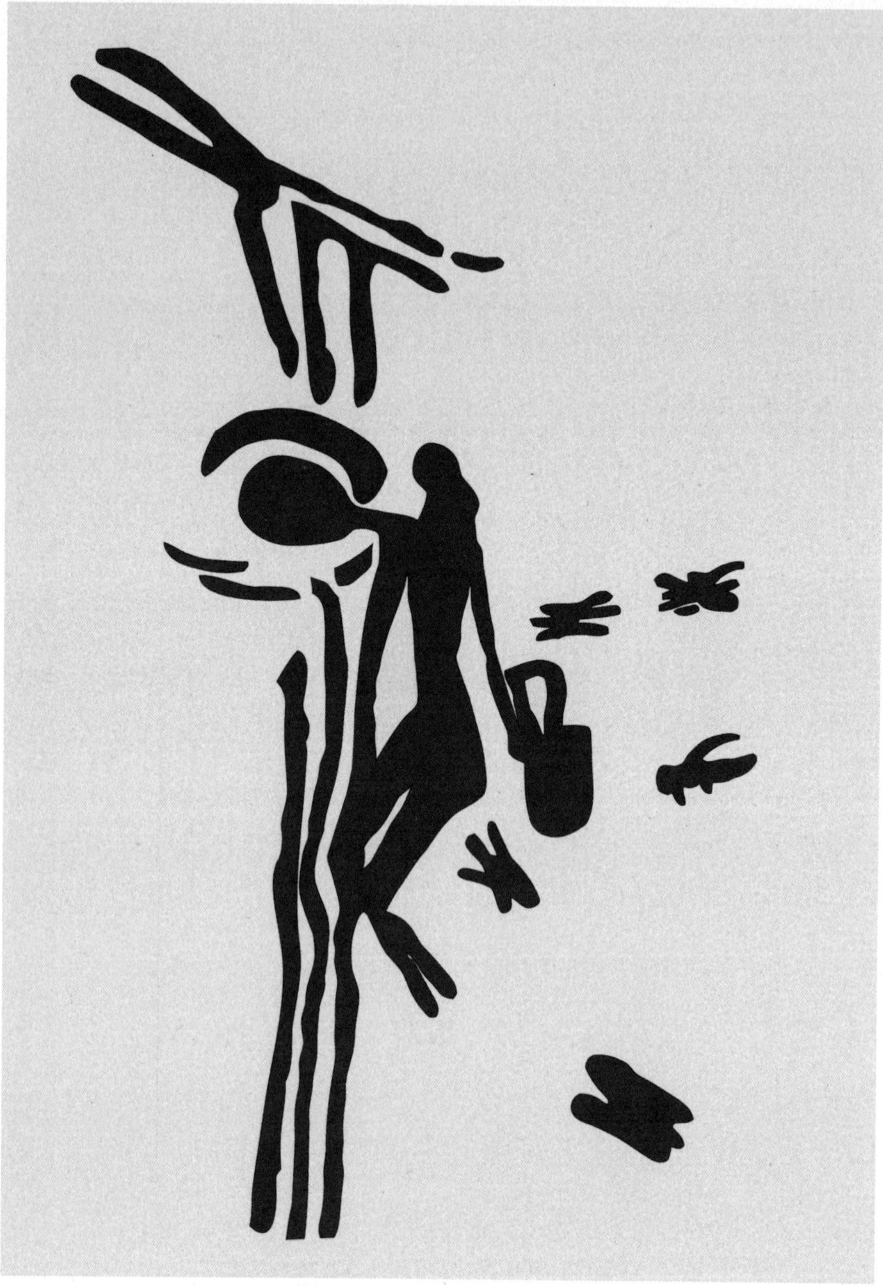

*Steinzeitliche Höhlenzeichnung mit Honigsammler*
*(Bicorp, Valencia, Spanien, etwa 10 000 – 6000 v. Chr.)*

# Bienen in Geschichte und Kultur

## *Einstein und die Bienen*

»Wenn die Biene stirbt, hat der Mensch nur noch vier Jahre zu leben.« Diese Aussage wird oft als Zitat von Albert Einstein angegeben und sorgte schon in zahlreichen Berichten und Vorträgen rund um das Bienensterben für einen eindrucksvollen Aufhänger. Verständlich, dass dieser Satz gerne genutzt wird, um die ökologische Wichtigkeit der Biene und ihre Bedeutung für uns Menschen zu verdeutlichen. Es ist eine alarmierende Aussage, und ihre Richtigkeit wird durch den Namen eines so bedeutenden und herausragenden Wissenschaftlers untermauert. Mit diesem Zitat gibt es nur leider ein kleines Problem: Einstein hat das nie gesagt.

Doch woher kommt es dann? Und warum wird Einstein als Urheber dieser Aussage erdichtet? Wenn man ein wenig recherchiert, lässt sich zurückverfolgen, wann und wo dieses Zitat in Schriften und Berichten verwendet wurde, und man stellt fest: Die Formulierung variiert gerade in früheren Erwähnungen stark. So lautet sie an manchen Stellen nur kurz: »Stirbt die Biene, stirbt der Mensch«, andere hingegen schreiben, dass Einstein die exakte Zeitspanne vom Verschwinden der Bienen bis zum Tod aller Menschen sogar mit einer bestimmten Formel berechnet habe. Gelegentlich fehlt sogar der berühmte Name unter dem Zitat.



Die Kernaussage über die enorme Wichtigkeit der Bienen in unseren Ökosystemen und für unser Überleben als Spezies Mensch bleibt jedoch auch in anderen Formulierungen und ohne Einsteins Genie erhalten. Die Biene spielt in der Tat eine entscheidende Rolle in unserer Welt. Man geht davon aus, dass circa 80 Prozent der Pflanzen auf die Bestäubung von Bienen angewiesen sind. Da kann sich jeder selbst eine Vorstellung davon machen, wie es aussähe, wenn diese Bestäubungsleistung der Bienen plötzlich wegfiele und vier Fünftel der uns bekannten Pflanzen langsam von der Erde verschwinden würden. Eine Zukunft, die weder für uns Menschen noch für viele andere Lebewesen erstrebenswert klingt. Eine Vorahnung solcher Zustände findet sich bereits in der chinesischen Provinz Sichuan, in der man erfolgreich sämtliche Bienen (und auch die meisten anderen Insekten) ausgerottet hat. Hier übernehmen nun Tausende fleißiger Menschen mit Pinselchen und einer Tüte voll Pollen die Arbeit der Bienen auf den Obstplantagen und bestäuben in endloser Arbeit Blüte für Blüte einzeln per Hand.

Doch wie hat es nun Einsteins Name unter dieses Zitat geschafft? Liegt es vielleicht daran, dass wir den Inhalt dieser Aussage so erschreckend finden, dass wir erst daran glauben, wenn ein so hochkarätiger Wissenschaftler sie aufgestellt hat? Würden wir sonst sagen, dass es sich um eine falsche These handeln muss? Vermutlich ja.

Haben wir uns bereits so weit von der Natur entfernt, dass wir die Wichtigkeit der Bienen nur über eine logische Herangehensweise verstehen? Brauchen wir tatsächlich falsche Zitate, damit uns klar wird, welchen Schatz und Segen wir an den Bienen haben? Können wir uns nicht selber vorstellen, wie wichtig die Bienen sind? Braucht es erst wissenschaftliche Untersuchungen von namhaften Forschern, damit wir glauben können, dass etwas sein kann?



Die in diesem Buch aufgezeigten Mythen, Mysterien und Kulte, das Verständnis und die Bräuche fremder und alter Kulturen zeigen, wie tief Menschen und Bienen eigentlich verbunden sind. Ich hoffe, dass dieser Ausflug in fast vergessene Welten und faszinierende Fakten rund um die Bienen dazu beitragen kann, dass wir die kleinen Tiere wieder mehr mit dem Herzen verstehen und ihnen die Beachtung und den Respekt zukommen lassen, den sie verdienen – nicht nur, weil es aus logischen Umweltschutzaspekten sinnvoll erscheint, sondern weil sie ein Teil der menschlichen Kultur sind, uns in Mythen und Geschichten begleiten, uns mit wohlschmeckenden und heilsamen Köstlichkeiten verwöhnen, uns Einblicke in andere Wirklichkeiten schenken können und wir durch dieses ganzheitliche Herangehen eine tiefe und emotionale Verbindung mit ihnen eingehen können.

## *Kurze Geschichte der Bienenhaltung*

Honig wird seit mindestens 9000 Jahren nachweislich von den Menschen genutzt. Dies beweist eine Höhlenmalerei, die in der Nähe von Valencia entdeckt wurde und die Szene einer Honigjagd darstellt (siehe Abb. 1, S. 12). Es ist aber davon auszugehen, dass die Menschen den süßen Stoff der Bienen schon wesentlich früher kannten. Immerhin sind auch zahlreiche Tiere vom süßen Leckerbissen der Bienen angetan. Die Menschen haben sehr wahrscheinlich schon vor dem Auftauchen des *Homo sapiens* den Honig gekannt und genossen. Die meisten Bienen leben hoch in den Bäumen, und unsere Vorfahren waren kleine, auf Bäumen lebende Primaten. So ist es naheliegend, anzunehmen, dass ihnen der Honiggenuss nicht fremd war. Auch heute lebende Primatenarten sind sehr interessiert an den süßen Verlockungen, die die Bienen in den Bäumen gut bewachen.

Als der Mensch mit der Beherrschung des Feuers neue Welten erschloss, ergab sich im Hinblick auf die Honigernte ein enormer Vorteil. Die Honigbienen waren durch Rauch weniger stichbereit, und der Honig ließ sich nun mit viel weniger Schmerz und Gefahren ernten. Die Behandlung der Bienen mit Rauch, um sie vom Stechen abzuhalten, ist ein uraltes Ritual, das bis heute fast unverändert von Imkern, Bienenhaltern und Honigjägern auf der ganzen Welt praktiziert wird. Was sich bewährt hat, bleibt eben bestehen.



Lange Zeit haben die Menschen den Honig ausschließlich von wildlebenden Bienenvölkern und nur für den eigenen Bedarf gesammelt. Diese Art nennt sich **Honigjagd** und wird noch heute von einigen indigenen Völkern praktiziert. So eine Honigjagd ist immer ein gefährliches Unterfangen; tödliche Stürze sind keine Seltenheit. Die zu erbeutende Honigmenge ist bei dieser Form aber eher gering. Es ist also kein Wunder, dass dieses kostbare Gut in den frühen Kulturen so einen hohen Wert hatte. Auch die fast unerreichbare Höhe, in der wild lebende Bienen ihr Wabenwerk errichten, lässt die Verbindung der Bienen mit den Welten der Götter erahnen. Honig musste wahrlich eine Götterspeise sein. Die Honigjagd war also ein Risiko, das sich lohnte.

*Mittelalterliche Imker mit Körben, Federzeichnung von Pieter Bruegel dem Älteren (um 1568)*

Aus der Honigjagd entwickelte sich dann in einigen Teilen der Welt langsam die **Waldbienenzucht.** Man begann künstliche Nistplätze für die Bienen zu schaffen, indem man Bäume aushöhlte. In diese künstlichen Bienennistplätze zogen dann wilde Schwärme. Dadurch wurde die Anzahl der in einem Gebiet lebenden Bienenvölker vermehrt. In Europa entwickelte sich im frühen Mittelalter aus der Waldbienenzucht langsam die **Zeidlerei.** Das Wort Zeidler kommt vom altdeutschen Wort *zeideln* («Honig schneiden»). Die Zeidler begannen als Erste, Honig und das Bienenwachs wildlebender Völker gewerbsmäßig zu sammeln. Der hohe Bedarf der Kirche an Bienenwachs trieb die Entwicklung der Zeidlerei stark voran, bis sich aus ihr die heutige Imkerei entwickelte: das Halten von Bienen in künstlichen Behausungen am häuslichen Stand und damit auch die Zucht der modernen Honigbiene. Die ersten Imkereien waren daher nicht selten in den Gärten der Klöster und Kirchen zu finden und wurden von den Mönchen selbst bewirtschaftet. Die Bezeichnung Imker kommt dabei vom niederdeutschen *Imme* (»Biene«) und dem mittelniederdeutschen *Kar* (»Korb«), bedeutet also eigentlich »Bienenkorb«.



War Honig in den meisten Teilen der Welt zunächst noch das einzige Süßungsmittel, wurde er später immer mehr durch das Aufkommen des industriell raffinierten Kristallzuckers – zunächst aus Zuckerrohr, später auch aus der Zuckerrübe – verdrängt. Der Honig verlor seine Bedeutung als Süßungsmittel aufgrund seines im Vergleich zum raffinierten Zucker hohen Preises. Durch die Industrialisierung der Landwirtschaft, von der auch die konventionelle Imkerei nicht verschont blieb, sank der Honigpreis immer mehr. So wurde aus der einst kostbaren Speise der Götter nach und nach ein alltäglicher Brotaufstrich. Heute kennen daher nur noch sehr wenige die Bedeutung und den Wert des Honigs in früheren Kulturen.

## *Martin Luther und der Untergang der Zeidlerei*

Wie erwähnt hatte insbesondere der hohe Bedarf der Kirche an Bienenwachs einen starken Einfluss auf die Entwicklung der Zeidlerei. Die Zeidler genossen bald ein hohes Ansehen und gehörten zu den Ersten, die Bürgerrechte und eine eigene Gerichtsbarkeit zugesprochen bekamen. Ihnen war es erlaubt, eine Waffe zu tragen, über die ihnen anvertrauten Wälder zu wachen und Urteile über Honigdiebe direkt an Ort und Stelle zu fällen und vollstrecken. Für die Zeidlerei war dies eine goldene Zeit. Zeidler lebten ein gutes Leben mit vielen Rechten und Privilegien. Die Kirche hatte einen unendlichen Bedarf an Bienenwachs, dessen einzige Quelle zu jener Zeit die Zeidlerei war. Natürlich war es mühselig und brachte geringe Ausbeute, als Zeidler ein wildlebendes Bienenvolk um Bienenwachs und Honig zu bringen, und obendrein war es gefährlich. Bienenwachs und Honig waren daher Luxuswaren. Doch die Kirche verfügte dank des blühenden Ablasshandels über genügend finanzielle Mittel, um sich dies leisten zu können.



Doch dann sollte ein Mönch mit dem Namen **Martin Luther** alles verändern. Sein Wirken ist samt den weitreichenden Folgen für die Kirche heute noch wohlbekannt. Doch mit der Reformation der Kirche durch Luther verlor die katholische Kirche mehr und mehr ihre unantastbare Stellung, die Menschen begannen sie zu hinterfragen und zu widersprechen. Das Geschäft mit dem Sündenerlass florierte nicht mehr. So fehlte immer mehr das Geld für den verschwenderischen Verbrauch an Bienenwachskerzen in der Kirche. Sparmaßnahmen mussten her. Wo vorher hunderte Kerzen die dunklen Klöster erhellt hatten, mussten nun einsame kleine Lichtlein die Nachtwache übernehmen. Das Bienenwachs der Zeidler war einfach zu teuer geworden.

So wurde die Wandlung des Zeidlertums zur Imkerei, einer moderneren Form der Bienenwirtschaft, beschleunigt; in den Imkereien war es möglich, Bienenwachs und Honig mit viel geringerem Aufwand und mit einer größeren Ausbeute zu ernten. Ebenso waren es nun meist die Mönche selbst, die die Bienen in ihren Klostergärten hielten. Martin Luther hat also nicht nur die Kirche reformiert, sondern auch indirekt für den Untergang der Zeidlerei gesorgt.

### *Bienen als Wegweiser*

Es ist nach wie vor ein ungelöstes Rätsel, wie genau die frühen Menschen die schier unendliche Fülle an Pflanzen und Pilzen so exakt als essbar, giftig oder heilsam eingestuft haben. Die bloße Anwendung des Prinzips von Versuch und Irrtum scheint bei der Menge an Pflanzen und Pilzarten nicht haltbar. Vielmehr ist es denkbar, dass die Menschen sich den Gebrauch der Pflanzen bei den Tieren abgeschaut haben. Je nach Lebensraum wurden dabei verschiedene Tiere beobachtet, doch nicht jedes Tier eignet sich hierfür gleichermaßen, da es durchaus Tierarten gibt, bei denen Stoffe auf dem Speiseplan stehen, die für Menschen giftig sind.



Der amerikanische Ethnobotaniker **Jonathan Ott** hat die Hypothese aufgestellt, dass es die Bienen waren, die den Menschen dieses Wissen brachten. Insbesondere psychoaktive Pflanzen, die einen berauschenden Honig produzieren, wurden über den Umweg des Honigs ausfindig gemacht.

Das Honigernten selbst haben sich die Menschen wahrscheinlich ebenfalls schon sehr früh von den Tieren abgeschaut. Wenn ein Honig aus dem Nektar bestimmter Pflanzen nun eine besondere Wirkung hatte, brauchte man nicht lange nachzudenken, um auf die Idee zu kommen, den Bienen zum Ursprung dieses

Nektars zu folgen. Schon kannte man die Stammpflanze zu der Wirkung und konnte die Pflanze entsprechend anwenden.

Auch die heilsamen Eigenschaften verschiedener Pflanzen gelangen über den Nektar in den Honig. So sind bestimmte Honigsorten besonders gut zur Behandlung bestimmter Krankheiten geeignet. Lindenhonig hilft beispielsweise ebenso wie die Lindenblüten selbst hervorragend bei Erkältungskrankheiten. Es ist daher anzunehmen, dass auch medizinisch nutzbare Pflanzen so über die Bienen von den Menschen entdeckt wurden. Man kann also davon ausgehen, dass die Bienen den Menschen zumindest ein Wegweiser auf dem Weg bei der Entdeckung der unzähligen Heil- und Zauberpflanzen waren.

### *Ohne Honig kein Honig*

Bei den **Baka,** einem Pygmäenvolk, das im Kongo, in Kamerun, Gabun und der Zentralafrikanischen Republik lebt, gibt es ein Sprichwort, das übersetzt »Ohne Honig kein Honig« lautet. Die Baka betreiben eine traditionelle Honigjagd, das heißt, sie sammeln den Honig von wild lebenden Bienenvölkern. Diese leben hoch oben in den Kronen der Baumgiganten. Die Honigjagd ist bei den Baka traditionell Männerarbeit. Die Männer ziehen in kleinen Gruppen los und machen einen Baum mit einem Bienenvolk ausfindig. Sobald sie eines entdeckt haben, beginnen sie mit den Vorbereitungen für die Honigernte hoch oben in den Bäumen. Es werden Körbe geflochten und lange Lianen daran gebunden. Die Männer machen ein Feuer unter dem Baum, auf das sie viele frische Blätter legen, so dass es ordentlich zu rauchen beginnt.



Einer der Männer klettert nun den bis zu 50 Meter hohen Baum hinauf. Oben angekommen, beginnt er den kostbaren Honig zu ernten, während er von Tausenden stechbereiter Bienen umschwirrt wird. Die Männer am Boden sorgen derweil dafür, dass genügend Rauchmaterial auf dem Feuer liegt. Auch sie bekommen die Wut der Bienen zu spüren. Der geerntete Honig wird nun in den vorbereiteten Korb gelegt und an einer langen Liane hinuntergelassen. Unten wird der Korb von den Männern entgegengenommen und der kostbare Honig wird entnommen. Der leere Korb wird wieder in die Höhe gezogen, und weiterer Honig wird geerntet.

Sobald er genügend Honig gesammelt hat, macht sich auch der tapfere Kletterer wieder auf den Weg nach unten. Er ist mittlerweile mit unzähligen Bienenstichen übersät. Unten angekommen, verzehren die Männer gemeinsam einen kleinen Teil des Honigs als Belohnung für ihre gefährliche Arbeit. Der größte Teil der Ausbeute wird jedoch gleichermaßen unter den Männern aufgeteilt. Keineswegs erhält bei den Baka der Kletterer mehr Anerkennung als die Helfer am Boden. Die Honigjagd ist eine gemeinschaftliche Errungenschaft, bei der jeder Einzelne einen gleichwertigen Teil zum Ganzen beiträgt.

Der so geerntete Honig wird von den zerstochenen Honigjägern zurück ins Dorf gebracht. Dort überreichen sie den Honig ihren Frauen. Ein guter Mann bringt seiner Frau mindestens einmal pro Woche etwas Honig, heißt es. Es gehört zu den wichtigsten Tugenden eines Mannes, diesen Honigdienst zu erbringen. Nur wer seiner Frau regelmäßig den süßen Honig bringt, der hat auch eine glückliche Frau und somit auch eine glückliche Partnerschaft. Nur wer genügend Honig erntet, bekommt auch die süße S. seiner Partnerin zu spüren. Wer es jedoch nicht vollbringt, das kostbare Gold heranzuschaffen, der spürt den Stachel seiner zornigen Ehefrau: ohne Honig kein Honig.



### *Die Bienen im Baltikum und in Osteuropa*

In den baltischen Ländern existiert die Vorstellung, dass die Seele der Menschen im Schlaf den Körper verlässt und in Form einer Biene umherschwirrt. In Rumänien sind die Bienen mit dem Totenreich und den Seelen der Verstorbenen assoziiert. Sie gelten dabei als ein Zugang zu den Ahnen und der Welt der Geister und Dämonen. Diese Vorstellung findet sich vereinzelt auch in weiteren osteuropäischen Ländern.

## *Äthiopien — das Land der Imker*

Das Land Äthiopien in Afrika gilt nicht nur als die Wiege der Menschheit, sondern auch als das Land der Imker. Bienenhaltung hat hier eine jahrtausendelange Tradition. Weit verbreitet ist die Bienenhaltung in langen, horizontal liegenden Tonröhren. Meist werden diese **Bienenröhren** dann ins Geäst von Bäumen gehängt und nur zur Ernte heruntergenommen. Diese tiefe Verbindung der Äthiopier zu den Bienen hat ihre Kultur geprägt. So finden sich zahlreiche Geschichten, die von der hohen Stellung der Bienen und ihrem Einfluss auf die äthiopische Kultur zeugen. Einige davon möchte ich in diesem Buch weitergeben.

## *Lalibela, der von Bienen umschwärmte König*

Aus Äthiopien stammt die Geschichte von **Lalibela,** dem Kaiser, dessen Herrschaft durch einen Schwarm Bienen auserkoren wurde. Gebra Maskal Lalibela regierte von 1189 bis 1229 das Kaiserreich Äthiopien. Die Legende erzählt, dass er, als er noch ein Baby war, von einem Schwarm Bienen umschwirrt wurde. Dies galt als Zeichen seiner späteren Herrschaft. Lalibela bedeutet »der von Bienen Erkorene«. Vermutlich geht die mit den Bienen verbundene Ernennung von Herrschern auf uralte Rituale zurück, die bereits lange vor der Zeit des Kaiserreiches vollzogen wurden. Möglicherweise ist auch die Geschichte von Lalibela so entstanden, dass dem Kaiser in späteren Zeiten Attribute aus Legenden vergangener Zeiten angedichtet wurden.



## *Die Königin von Saba im Honig-Liebesrausch*

Der Legende nach entstammt das Land Äthiopien der berauschenden Wirkung eines süßen Honigweins. Die Königin von Saba war zu Besuch im Reich des Königs **Salomo.** Als Geschenk brachte sie kostbaren *Tedj* (einen traditionellen Honigwein aus Ostafrika). Gemeinsam tranken die beiden den magischen Göttertrunk und verbrachten eine rauschende Liebesnacht. Am nächsten Morgen konnte sich König Salomo an nichts mehr erinnern. Die

Königin von Saba reiste zurück in ihre Heimat und gebar neun Monate später einen Sohn; dieser sollte später das Kaiserreich Abessinien gründen und dort als **Menelik I.** regieren.

Seinen Namen erhielt er, als er seinen Vater zum ersten Mal besuchte. Dieser war so überrascht von dem unbekannten jungen Mann, der sich ihm als sein Sohn vorstellte (an die Liebesnacht mit der Königin konnte er sich ja nicht mehr erinnern), dass ihm der Ausruf »Wie kommst du denn hierher?« entfuhr. Auf Amharisch (Sprache in Äthiopien) heißt dies »Menelik«.

### *Bienen als Drogendetektoren*

Auch in unserer modernen Welt haben die Bienen einen Platz in der Welt der Drogen – wenn auch einen etwas sonderbaren. Bienen verfügen über einen überaus feinen Geruchssinn. Diesen brauchen sie, um über die Blütendüfte ihre Nahrung ausfindig zu machen. Ihre Fühler sind dabei wie nach außen gestülpte Riechorgane, die jedes noch so kleine Duftmolekül wahrnehmen können. Diese Fähigkeit haben sich Wissenschaftler bei einer neuen Methode zum Aufspüren von illegalen Drogen zunutze gemacht. Ähnlich wie Drogenspürhunde können nun auch Bienen gezielt genutzt werden, um illegalisierte Substanzen anzuzeigen.



Doch wie funktioniert dies in der Praxis? Stellt man Bienenstöcke in den Hallen der Flughäfen auf und wartet, bis vermeintliche Drogenschmuggler von einem Schwarm Bienen attackiert werden? Das wäre eine spektakuläre Vorstellung. So funktioniert es aber dann doch nicht. In der Realität ist die ganze Sache eine sehr groteske Angelegenheit. Einzelne Bienen werden wie ein elektronisches Bauteil in eine Apparatur eingesetzt, mit der die zu untersuchenden Güter inspiziert werden. Die Biene sitzt dabei bewegungsunfähig im Inneren des Gerätes und bekommt lediglich die duftende Luft zugeführt. Sobald sie einen der antrainierten Stoffe riecht, fährt die Biene ihren Stachel aus, und das Gerät schlägt Alarm. Es ist nachvollziehbar, dass die Lebenszeit des «Bauteils» Biene unter diesen Voraussetzungen sehr begrenzt ist. Die Forscher sind dennoch von den Vorteilen begeistert. Ein Drogenspürhund kann nur eine halbe Stunde arbeiten, bis er eine Pause braucht. Das Bienen-Bauteil ist hingegen bis zu 48 Stunden betriebsbereit. Sobald es dann seinen Dienst versagt, kann es einfach ausgetauscht werden. Bienen gibt es ja genug.

Doch wie wird den Bienen diese Reaktion auf bestimmte Düfte antrainiert? Auch hier liegen die Bienen wieder vorne. Während Hunde eine jahrelange Ausbildung benötigen, können Bienen in wenigen Minuten trainiert werden. Zu diesem Zweck wird die arme Kreatur flugunfähig eingespannt und bekommt abwechselnd angenehmen Blütenduft und den Duft der gewünschten Droge an die Fühler geblasen. Immer wenn der Duft der Drogen in der Luft liegt, bekommt die Biene gleichzeitig einen Stromschlag. Dem Insekt wird so schnell eine Abwehrreaktion beim Duft der Drogen antrainiert. Es reagiert darauf, indem es seinen Giftstachel ausfährt.

Genauso wie man den einst heiligen psychoaktiven Substanzen im Kampf gegen die Drogen den Krieg erklärte, unterjocht man nun die Biene, weil sie uns den Weg zu den berauschenden Pflanzen gezeigt und uns psychoaktiven Honig geschenkt hat, in einer unsäglich würdelosen Weise, nutzt sie aus und zwingt sie zum Sklavendienst, in dem sie selbst den Kampf gegen die Drogen führen muss. Welch groteske Ironie! Doch ist dies ein Sinnbild für die moderne Gesellschaft – nicht nur in Bezug auf ihren Umgang mit berauschenden Drogen, sondern auch grundsätzlich mit allem, was uns zu kritischem Denken inspiriert und anregt.

*Bhramari Devi, die hinduistische Göttin der Bienen*

# Bienen in der Mythologie

Da die Biene bei den frühen Kulturen einen so hohen Stellenwert besaß, hat sie natürlich auch Einzug in die Mythologie der Völker gehalten. So finden sich Bienengötter und mit den Bienen assoziierte Göttergestalten in vielen unterschiedlichen Kulturen der Welt. Einige dieser Götter und Mythen möchte ich hier vorstellen.

## *Bhramari Devi*

**Bhramari Devi** ist eine Göttin aus der Hindu-Mythologie. Ihr Name bedeutet »Göttin der Bienen«. Sie wird mit Bienen, Wespen und auch mit Hornissen assoziiert. Ihr Körper wird dabei stets von einem Schwarm dieser stachligen Insekten umschwebt. In einem Göttermythos wird beschrieben, wie sie den Dämon **Arunasura** besiegt.

Arunasura hatte das starke Verlangen, die Götter zu vernichten und an ihrer Statt über die Welt zu regieren. Da er aber nicht machtvoll genug war, um sein Ziel zu erreichen, versuchte er es mit einer List. Tausende und abertausende Jahre meditierte er selig am Ganges. Der Gott **Shiva** sah dies und war von der Geduld und Willensstärke des Dämons beeindruckt. So schenkte Shiva Arunasura die Gabe, dass kein zwei- oder vierbeiniges Wesen ihn in Zukunft würde vernichten können. Nachdem der Dämon diese Fähigkeit erlangt hatte, stellt er eine Armee von Dämonen auf, stürmte die Götterwelt und eine gigantische Schlacht begann.

Der unbesiegbare Arunasura war seinem Ziel nahe, die Götter für alle Zeiten zu vernichten, doch in letzter Hoffnung riefen die Götter Bhramari Devi zu Hilfe. Diese sendete sofort ihre Bienen-, Hornissen- und Wespenschwärme aus, die den Dämon attackierten. Gegen die sechsbeinigen kleinen Tiere war er nicht immun, so dass er zuletzt bezwungen werden konnte. Ein Schwarm unscheinbarer Bienen hatte die Götterwelt vor der endgültigen Vernichtung gerettet.

## *Kamadeva*

Die Figur des **Amor** und seine Liebespfeile sind vielen ein Begriff. Der römische Gott, der mit seinem Bogen Pfeile entsendet und so die Liebe entfacht, ist eine wohlbekannte Götterpersönlichkeit. Jedoch ist diese Götterfigur keineswegs ein Unikat des römischen Pantheons. In der griechischen Mythologie ist es **Eros**, dem eine ähnliche Stellung zukommt, und auch in der Götterwelt der Hindus findet sich ein Äquivalent unter dem Namen **Kamadeva.** Die Vorstellung von einem mit Pfeil und Bogen bewaffneten Gottes als Auslöser von Liebesgefühlen existiert in vielen Kulturen. Aber was hat das alles nun mit den Bienen zu tun? Schauen wir uns Kamadeva einmal genauer an. Alte Überlieferungen und Gemälde zeigen, mit welchen Attributen Kamadeva beschrieben wird. Dort findet man ihn auf einem riesigen Papagei reitend, bereit, in die Lüfte zu steigen, um auf die Jagd nach seinen »Opfern« zu gehen. Seinen Bogen hält er dabei stets schussbereit. Der Bogen selbst besteht aus Zuckerrohr, die Bogensehne besteht aus summenden Bienen, die Pfeile, die er verschießt, aus fünf Frühlingsblüten. Hier finden sich also die Bienen. Doch warum besteht die Bogensehne aus Bienen, welche Bedeutung haben die Bienen in diesem Kontext und welche Symbolik steckt hinter der Erscheinung Kamadevas?



Als Gott, der die Liebe bringt und die Pfeile des Verlangens entsendet, ist Kamadeva ein Symbol der Fruchtbarkeit. Auch die Bienen, die unerlässlich sind für eine ausreichende Bestäubung und somit Vermehrung der Pflanzen, gelten deshalb in vielen Kulturen schon sehr lange als Fruchtbarkeitssymbol. Das Summen ihrer Flügel steht für das Kribbeln im Bauch, wenn man verliebt ist, und als Tiere der Lüfte geben sie dem Pfeil die Kraft, weite Strecken zu überwinden. Ihr schmerzhafter Stachel symbolisiert das plötzliche Erwachen von Lust und Liebe, das uns überkommt, sobald wir von den Liebespfeilen getroffen sind. Die Blütenpfeile stellen dabei das Gegenstück zu den Bienen dar. Wie in der Natur, in der die Blüten von den Bienen bestäubt werden, damit etwas Neues entstehen kann, vereint Kamadevas Bogen in sich diese beiden Aspekte der

Fruchtbarkeit, die dann mit geballter Kraft auf die getroffenen Menschen oder Götter – denn niemand ist vor den Pfeilen des Kamadeva sicher – übergeht. Die Bienen und die Blüten sind dabei zwei Pole einer göttlichen Einheit. Und nur durch ihr Zusammentreffen entsteht etwas Drittes, etwas Neues, die Leben schenkende Liebe. Der Bogen aus süßem Zuckerrohr steht symbolisch für die wohlige Süße des Lebens, die Glücksgefühle, die Lebenslust und Energie, die mit dem Verliebtsein einhergehen.

### *Mellona und Melissa*

**Mellona** oder auch **Mellonia** war eine römische Göttin. Als Bienengöttin war sie verantwortlich für die Süße und den Erhalt des Honigs. Sie geht zurück auf den griechischen Namen **Melissa,** der »Honigbiene« bedeutet (von griech. *Meli,* »Honig«). Melissa hieß eine der Ammen, die den jungen **Zeus** umsorgten. Sie fütterte ihn jedoch nicht mit Milch, sondern ließ Honig direkt in seinen Mund fließen. Als Dank dafür machte Zeus sie später zu einer Göttin. Die Zitronenmelisse *(Melissa officinalis)* hat ihren Namen von der Bienengöttin, weil sie eine sehr beliebte Bienentrachtpflanze ist. Auch der Artenname der westlichen Honigbiene, *Apis mellifera,* und die Bezeichnung für den Tribus der stachellosen Honigbienen, *Meliponini,* gehen auf diese Göttin zurück.



### *Aristaeus und die Bugonie*

In der Mythologie des antiken Griechenland gibt es eine Figur mit dem Namen **Aristaeus.** Er ist ein Gott der Jagd, des Olivenanbaus sowie der Bienen und der Imkerei. Somit besitzt er viele Aspekte eines Fruchtbarkeitsgottes. Die Mythologie um ihn ist eine typische Göttergeschichte. Aristaeus verliebte sich einst in die schöne **Eurydike.** Leider wurde seine Liebe nicht erwidert, so dass sein unbefriedigtes Verlangen immer größer wurde. Als er es nicht mehr aushalten konnte, machte er sich auf, um Eurydike zu vergewaltigen. Auf ihrer Flucht vor dem lüsternen Bienengott wurde sie von einer giftigen Schlange gebissen und starb. Als Strafe für diese Tat sorgten Eurydikes Schwestern dafür, dass alle Bienen des

*Historische Darstellung des Aristaeus von 1680*



Aristaeus ebenso den Tod fanden. Ohne seine Bienen trauerte der Gott. Auf Anraten des Gottes **Proteus** vollzog er ein Opferritual an Eurydikes Grab. Hier opferte er vier Stiere und vier Rinder, die er anschließend neun Tage lang an gleicher Stelle verwesen ließ. Am neunten Tag erhoben sich aus den verwesenden Stieren neue Bienen.

In diesem Mythos spiegelt sich die Vorstellung vieler antiker Kulturen wider, dass Bienen aus toten Stieren entstehen würden. Diese Vorstellung war so verbreitet, dass sie sogar einen eigenen Fachbegriff bekommen hat: **Bugonie.** Seinen Ursprung hat dieser Glaube vermutlich in Persien, von wo aus er sich im kompletten Reich der Antike verbreitet hat. Gehalten hat sich die Vorstellung von der Bugonie noch bis weit ins Mittelalter. Stiere zu opfern, um neue Bienenvölker zu erschaffen, war lange Zeit eine gängige Praxis. Dabei hat sich eine ziemlich genaue Anleitung entwickelt, wie die zu opfernden Stiere bearbeitet werden müssten, damit das Ritual Erfolg bringen würde. Plinius berichtet in seiner *Naturalis* *historia* sehr detailliert über die Praktik. Demnach müsste ein Stier, der mindestens zwei Jahre alt ist, entweder durch Erdrosseln oder durch Schläge mit stumpfen Gegenständen getötet werden. Anschließend müssten die Gedärme des Tieres ebenfalls durch stumpfe Gewalt zu einem blutigen Brei zerschlagen werden. Wichtig sei jedoch, dass die Bauchhöhle des Stiers unversehrt bliebe, da sich aus ihr das neue Bienenvolk entwickeln würde. Da der Bugonie jede biologische Grundlage fehlt und Bienen auch nicht an verwesenden Kadavern zu finden sind, ist es fraglich, warum sich diese Vorstellung eine so lange Zeit gehalten hat. Es handelte sich wohl eher um eine symbolische Handlung als um die Anwendung natürlicher Vermehrungsprinzipien der Honigbienen.

### *Telipinu*

Bei den Hethitern und Hattiern gibt es den Mythos von **Telipinu.** Er ist der Sohn der Sonnengöttin **Arinna** und des Wettergottes **Taru.** Telipinu selbst ist ein Fruchtbarkeitsgott, der vor allem mit dem Wachstum von Getreide und den nährenden Regenschauern in Zusammenhang gebracht wird. Seine Gattin ist die Göttin **Maliya,** die Göttin der Gärten, die vorwiegend mit dem Wachstum des Weines in Verbindung steht.



Eines Tages, so heißt es in dem Mythos, wird Telipinu sehr erzürnt. Daraufhin verlässt er seinen Götterposten und mit ihm verschwindet auch die Fruchtbarkeit im ganzen Land. Da die Welt kurz vor dem Untergang steht, versammeln sich die übrigen Götter zum Rat und senden einen Adler aus, der Telipinu ausfindig machen und zurückbringen soll. Dies bleibt jedoch ohne Erfolg. In letzter Hoffnung wenden sich die Götter an die große Muttergöttin **Hannahanna.** Diese sendet ihren Hilfsgeist in Form einer Biene aus, um Telipinu wiederzufinden. Der Biene gelingt es, den verschwundenen Gott ausfindig zu machen. Mit einem schmerzhaften Stich bringt sie ihn dazu, zurückzukommen. Die Fruchtbarkeit des Landes und aller Lebewesen ist gerettet – und alles nur durch den Stich einer kleinen, unscheinbaren Biene.

## *Ah Muzen Cab*

Bei den Maya sind es die **Ah Muzen Cab,** vom Himmel herabsteigende, bienengestaltige Götter, die für nichts Geringeres als die Erschaffung der Welt selbst verantwortlich waren. Die Endsilbe *Cab* (je nach Schreibweise auch *Kab, Kaab*) bedeutet sowohl »Honig« als auch »Welt«. Der sprachliche Zusammenhang dieser beiden Wörter verweist womöglich auf die Bedeutung des von den Maya genutzten *Xtabentun*-Honigs bei der Entstehung der Welt.

*Darstellung eines Ah Muzen Cab in einer Maya-Handschrift*



Die Ah Muzen Cab sind die Götter und Beschützer der Bienen, des Honigs und der heiligen Balché-Zeremonie. In den Darstellungen der Maya werden sie meist verkehrt herum, mit dem Kopf nach unten und dem Hinterleib gen Himmel, abgebildet. Dies symbolisiert ihren andersweltlichen Ursprung. Es sind keine gewöhnlichen Bienen, die auf der Erde leben, sondern eben die vom Himmel, aus anderen Wirklichkeiten herabsteigende Götter. Noch heute bringen die Maya den Ah Muzen Cab Opfer in Form von Speisen, Blüten und Kerzen dar. Zentrum der Anbetung der Bienengötter war vermutlich Tulum. Diese Region war sehr wahrscheinlich die wichtigste und ertragreichste Gegend der Honigproduktion bei den Maya. Heute lebende Maya geben die Ruinen von Cobá als Wohnstätte der Bienengötter an.

## *Austėja und Bubilas*

In Litauen findet sich in der Mythologie ein Götterpaar, das als Einheit Gott und Göttin der Bienen ist. **Austėja** ist die göttliche Bienenkönigin selbst, Schutzpatronin der gebärfähigen und verheirateten Frauen, der wachsenden Familie und der Schwangerschaft. Ihr Name geht zurück auf die Bedeutung »weben«, die das Errichten des Wabenwerks der Bienen bezeichnet. Sie steht für das Neue, das Erschaffende.

Ihr Gegenpart ist **Bubilas** (in einigen Quellen auch **Babilas, Bubil** oder **Babil** genannt). Er verkörpert das männliche Prinzip der Bienen. Sein Symbol sind die Drohnen. Er repräsentiert – wie das Männliche als Gegenpol zum Weiblichen – den Gegenpol zur schöpferischen Kraft von Austėja. Dabei symbolisiert Bubilas auch das Bienengift und den schmerzhaften Stich des Stachels. Gleichzeitig steht er für das Sterben, den Tod und die Vergänglichkeit. Sein Name bedeutet »Blase«. Diese Bedeutung geht vermutlich auf den Gebrauch von Tierblasen zur Aufbewahrung von Honig zurück. Man brachte Bubilas Honigopfer dar und bat so um eine reiche Honigernte und viele Bienenschwärme. Hierzu nahm man eine Schale mit Honig, stieß einen lauten Schrei aus und zerschmetterte die Schale dann im glühenden Ofen. Nun wurde das Gebet an Bubilas gerichtet.



In anderen Quellen wird Bubilas ebenso als Gott des Brauens erwähnt. Seine Symbole sind hierbei ein Horn und ein Fass voller Honig. Zweifellos ist hier das Brauen eines Weines aus süßem Honig gemeint und nicht etwa Bier oder ein Wein aus Weinreben.

In Litauen sind die Bienen ein Sinnbild für Einheit. Eine Biene symbolisiert hier Freundschaft. Das litauische *bičiu* bedeutet »Biene«, und *bičiulis* ist die Bezeichnung für enge Freunde. Dieser sprachliche Zusammenhang geht zurück auf die Zeit der Zeidler und Honigjäger, als der Honig nur in einer gefährlichen gemeinschaftlichen Arbeit erfolgen konnte; dabei musste man sich in der Gruppe blind aufeinander verlassen können. Diese Symbolik der Verbundenheit ist in Litauen bis heute allgegenwärtig. So schenkte sein ukrainischer Amtskollege dem litauischen Präsidenten im Jahr 2005 als Zeichen der politischen Freundschaft drei Bienenkörbe mit Bienen.

*Mystische Darstellung eines Bienenstocks in einem französischen Liederbuch (17. Jh.)*

# Bienenfolklore

Neben den Geschichten aus der Mythologie haben die Bienen auch Einzug in die Folklore der verschiedenen Kulturen gehalten. In Brauchtum und Ritualen der einfachen Bevölkerung sind zahlreiche Handlungen rund um die Bienen überliefert. Im Zuge der Entwicklung der Waldbienenzucht und Imkerei haben auch Zaubersprüche und magische Praktiken das Tun der Menschen bereichert. In diesem Kapitel widmen wir uns einigen dieser Aspekte. Am interessantesten sind geographisch die Gegenden um die britischen Inseln sowie der baltische Raum. Hier sind bis heute die meisten Bräuche erhalten geblieben. Viele davon werden nach wie vor in der einfachen Landbevölkerung praktiziert und gelebt.

## *Bannkörbe und Figurenstöcke*

Eine Bienentradition, die sich vor allem im baltischen Raum aber auch in anderen Teilen Osteuropas bis heute erhalten hat, ist die der **Figurenstöcke** und **Bannkörbe**. Figurenstöcke haben sich in der Zeidlerei entwickelt. Aus den einfachen **Klotzbeuten** (zwei bis drei Meter hohen ausgehöhlten Baumstämmen) begann man Formen zu schnitzen. Dies konnte zu reinen Schmuckzwecken geschehen. Aber auch eine Art Schutzzauber konnte mit bestimmten Formen zum Ausdruck gebracht werden. Man findet Figurenstöcke in Form riesiger Bären, aber auch mit hässlichen Fratzen und Dämonen. Diese Gestaltungen sollten Honigdiebe abschrecken und die Bienen vor Krankheit und böswilligem Schadenzauber schützen.

Eine ähnliche Entwicklung gab es bei den aus Stroh geflochtenen Bienenkörben. Auch hier begann man hässliche Fratzen und Dämonengesichter aus Holz zu schnitzen und in die Körbe mit einzuflechten. Diese als **Bannkörbe** bezeichneten Bienenbehausungen wurden dann vereinzelt mit anderen normalen Bienenkörben aufgestellt und sollten einen Schutzzauber auf den kompletten Bienenstand ausüben.

Sowohl bei den Figurenstöcken als auch bei den Bannkörben wurden die Gestaltungen so angebracht, dass sich das Flugloch im Mund der gezeigten Gesichter befand. Bildnisse von bienenspuckenden Fratzen hatten besonders in früheren Zeiten, in denen die Menschen noch stärker an Zauberei und Magie glaubten, eine deutlich abschreckende Wirkung.

Bei den Figurenstöcken haben sich auch einige Exemplare erhalten, die ganz klar mit der Fruchtbarkeitssymbolik der Bienen verbunden sind. Im **Deutschen Bienenmuseum** in Weimar findet sich ein Figurenstock, der vermutlich um 1800 entstanden ist und die Form einer nackten Frau hat. Das Flugloch ist hier ihre Vagina. Auf ihrem Bauch sind eine Sonne und ein Mond abgebildet. Da die Frau ohne Haare auf dem Kopf dargestellt ist, hatte die Kahlheit entweder eine wichtige Bedeutung oder aber es wurde zu früherer Zeit ihre Kopfbehaarung durch mittlerweile verlorene Anhängsel (beispielsweise echte Haare) dargestellt. Ein weiterer Figurenstock im Nationalmuseum in Wroclaw hat die Form eines sich liebenden Paares. Es ist davon auszugehen, dass solche Bildnisse der Fruchtbarkeit als Nistplatz für die Bienen früher eine große Verbreitung hatten.



Diese heidnischen Traditionen waren für die christliche Kirche natürlich ein unliebsames Schauspiel. Trotz Verboten trieben die Menschen weiterhin ihr »Teufelswerk«. So blieb der Kirche nichts anderes übrig, als die Rituale zu assimilieren. Aus den dämonischen Teufelsfratzen wurden nun kurzerhand Heilige gemacht, die stattdessen die Klotzbeuten und Bienenkörbe zierten. Jetzt war es die Macht Gottes, welche die Bienen unter einen besonderen Schutz stellte und somit vor Unheil bewahrte. Ein besonders eindrucksvolles Zeugnis hiervon ist der **Zwölf-Apostel-Stand in Löwenberg.** 1813 wurde er das erste Mal schriftlich erwähnt, und alte Schwarzweißfotos zeigen den Bienenstand in seiner ganzen Pracht. Heute sind nur noch einige der Fundstücke erhalten. Dieser besondere Bienenstand bestand aus zwölf Schmuckbeuten, jede von ihnen eine lebensgroße Darstellung von verschiedenen Aposteln. Alle diese Bildnisse waren enorm detailreich. Heute sind jedoch nur noch Reste der Sammlung erhalten. Lediglich Fotos zeugen noch von der früheren Pracht.

Die symbolreiche Tradition der Figurenstöcke wandelte sich mit der Zeit zu einem bedeutungslosen Brauch. Der rituelle Hintergrund der Verzierungen geriet zunehmend in Vergessenheit, und die Gestaltung diente nur noch der reinen Zierde. Es entstanden immer mehr beeindruckende **Schmuckbeuten** in unterschiedlichster Gestalt. So finden sich Bienenbehausungen in Form von mächtigen Löwen, und fast alle Heiligen oder Apostel wurden schon als Bienenwohnung dargestellt. Auch Edelleute ließen ihr eigenes Abbild in Form einer Schmuckbeute errichten, stellten diese dann als Zeichen ihrer Herrschaft auf ihren Ländereien auf und wurden so auch zu Gebietern über die Bienen. Dieser Brauch lebt heute wieder auf. Da in der zunehmend jüngeren Imkerschaft ein allmählicher Fokuswechsel auf eine artgerechte und natürlichere Form der Bienenhaltung stattfindet, beschäftigen sich immer mehr Menschen mit den alten Formen der Bienenzucht. Klotzbeuten erleben einen neuen Aufschwung; so mancher Holzbildhauer bietet nun Figurenstöcke nach Kundenwunsch an. Es finden sich mittlerweile Bienenbehausungen in allen nur erdenklichen Varianten. So kommt es, dass Bienen heute in Stöcken in Form von Aliens, Robotern, Autos und Raumschiffen leben, um nur einige der modernen Schöpfungen zu nennen.



### *Telling the Bees*

Im angelsächsischen Sprachraum hat sich eine lebendige Bienenfolklore erhalten, die unter der Bezeichnung *Telling the bees* (»Den Bienen erzählen«) zusammengefasst wird. Damit ist die Vorstellung gemeint, dass man Neuigkeiten und wichtige Ereignisse zuallererst den Bienen mitteilen müsse. Wenn man dies versäumte, so fürchtete man den Tod der Bienen, schlechte Honigernten oder gar Unglück für einen selbst. Bienen gelten hier als ein Speicher und Quell allen Wissens. Wer den Bienen zuhört, kann so alte Weisheiten erfahren, und alle seine Fragen werden beantwortet. Eine weitere Redewendung lautet *Ask the bees what the druids knew* (»Frag die Bienen, was die Druiden wussten«). Auch dies belegt die erwähnte Ansicht. Als besonders wichtige Ereignisse galten Hochzeiten, anstehende Reisen, Geburten etc. Durch die englischen Siedler hat sich diese Folklore auch in den USA, Teilen Afrikas und Australien verbreitet.

Todesfälle mussten den Bienen sofort mitgeteilt werden, sonst, so fürchtete man, würden die Bienen dem Verstorbenen ins Totenreich folgen. Diese Vorstellung galt vor allem beim Tod des Bienenvaters selbst. Auch hier haben sich zahlreiche Sprüche bis heute erhalten. Aus Nottinghamshire stammt der Spruch *The master's dead, but don't you go; Your mistress will be a good mistress to you* (»Der Bienenvater ist tot, aber geht nicht weg; Eure Herrin wird euch eine gute Herrin sein«). Eine weitere Überlieferung lautet *Little bee, our lord is dead; leave me not in my distress* (»Kleine Biene, unser Herr ist tot; verlass mich nicht in meiner Verzweiflung«). Um die Aufmerksamkeit der Bienen zu erregen, klopfte man vor dem Sprechen des Spruches auf die Bienenstöcke. Hierzu nutzte man mancherorts den Schlüssel zu den Gemächern des verstorbenen Bienenvaters.



In einigen Gegenden lud man auch die Bienenstöcke zur Beerdigungsfeier ein und hüllte sie in schwarze Tücher. Manchmal wurden die Bienenstöcke sogar selbst zum Grab des Verstorbenen gebracht. Auch bot man den Bienen einen Teil des Leichenschmauses an. Bienen eines Verstorbenen durften nicht verkauft oder verschenkt werden. Es hieß, dass solche Bienenvölker ihrem neuen Besitzer Unglück oder gar selbst den Tod bringen konnten. Diese alte Tradition ist in zahlreiche englische Gedichte und Kunstwerke eingeflossen. Das berühmteste Werk ist das Gedicht *Telling the bees* in *Home Ballads* von John Greenleaf Whittier. Mit dem Film *Die Bienenhüterin* (2002) hat es die Darstellung dieser Traditionen sogar ins Unterhaltungsfernsehen geschafft. Der genaue Ursprung dieser Rituale ist nicht bekannt; vermutet wird aber ein Zusammenhang mit der Vorstellung aus der ägäischen Kultur, dass Bienen die Fähigkeit besäßen, die Brücke zum Totenreich zu überqueren.

*Bienenstock, Darstellung aus dem 17. Jahrhundert*



Doch auch bei Hochzeiten spielten die Bienen eine wichtige Rolle. So mussten sie ebenfalls zur Hochzeit eingeladen werden, und ihnen stand ein Stück der Hochzeitstorte zu. Ein frisch verheiratetes Paar musste sich im neu bezogenen Hof zuerst den Bienen vorstellen. Auch waren Bienenvölker ein symbolträchtiges Hochzeitsgeschenk. Hier kommt wieder der Fruchtbarkeitsaspekt der Bienen zum Ausdruck: Wer diese Praktiken missachtete, musste nämlich eine kinderlose Ehe befürchten.

## *Bienenzauberei*

Spätestens mit dem Aufkommen der aktiven Bienenzucht versuchten die Menschen auch magisch Naturgewalten, Unglück und Frevel von sich und ihren Bienen abzuhalten. Bienenzaubersprüche spielten dabei eine wichtige Rolle. Einige von ihnen sind uns bis heute erhalten geblieben, da sie im Mittelalter aufgeschrieben wurden. Einer von ihnen gilt sogar als eine der ältesten Dichtungen in deutscher Sprache.

Es handelt sich hierbei um einen Text in althochdeutscher Sprache, der zu Beginn des 10. Jahrhunderts niedergeschrieben wurde. Der Spruch wurde verkehrt herum auf eine freie Ecke eines Buches gekritzelt und so der Nachwelt erhalten. Benannt nach dem Fundort dieser Schrift spricht man vom **Lorscher Bienensegen.** Der Text lautet:

*Kirst, imbi ist hûcze*
*Nû fliuc dû, vihu mînaz, hera*
*Fridu frôno in munt godes*
*gisunt heim zi comonne*

*Sizi, sizi, bîna*
*Inbôt dir sancte Maria*
*Hurolob ni habe dû*
*Zi holce ni flûc dû*

*Noh dû mir nindrinnês*
*Noh dû mir nintuuinnêst*
*Sizi vilu stillo*
*Uuirki godes uuillon*

Rom, Bibl. Apostolica Vaticana, Cod. Pal. lat. 220

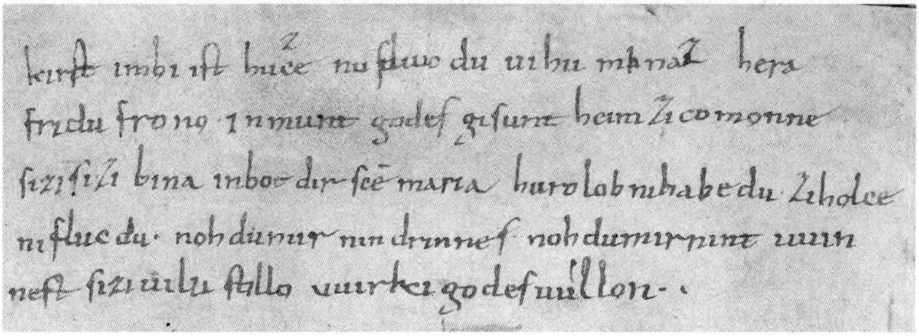
kirst imbi ist hucze nu fluic du uihu minaz hera
fridu frono in munt godes gesunt heim zi comonne
sizi sizi bina inbot dir sce maria hurolob ni habe du zi holce
ni fluc du noh du mir nindrinnes noh du mir nintuuin
nest sizi uilu stillo uuirki godes uuillon

*Original Lorscher Bienensegen (Detail)*

Übersetzung:
Christ, der Bienenschwarm ist hier draußen!
Nun fliegt, ihr meine Bienen, kommt.
Im Frieden des Herren, unter dem Schutz Gottes
kommt gesund zurück.

Sitzt, sitzt, Bienen.
Der Befehl kommt von der Jungfrau Maria.
Ihr habt keinen Urlaub.
Fliegt nicht in den Wald.

Weder sollt ihr von mir entgleiten.
Oder vor mir flüchten.
Sitzt im absolut Stillen
und erfüllt Gottes Willen.

Der Text wurde in der Originalfassung von der deutschen Mittelalter-Band *Die Irrlichter* musikalisch vertont und hat so Einzug in die moderne Kultur gefunden.

Ein weiterer Zauberspruch, der dem Lorschen Bienensegen sehr ähnlich ist, findet sich im Altenglischen. Sein Ursprung ist wahrscheinlich noch älter als der Bienensegen aus Lorsch, da hier noch keine christlichen Elemente zu finden sind. Dieser Spruch heißt *Charm wiþ ymbe.* Er lautet:

*Wið ymbe nim eorþan, oferweorp mid þinre swiþran*
*handa under þinum swiþran fet, and cwet:*
*Fo ic under fot, funde ic hit.*
*Hwæt, eorðe mæg wið ealra wihta gehwilce*
*and wið andan and wið æminde*
*and wið þa micelan mannes tungan.*
*And wiððon forweorp ofer greot, þonne hi swirman, and cweð:*
*Sitte ge, sigewif, sigað to eorþan!*
*Næfre ge wilde to wuda fleogan.*
*Beo ge swa gemindige mines godes,*
*swa bið manna gehwilc metes and eþeles.*

Cambridge, Corpus Christi College, MS 041: Old English Bede

Übersetzung:
Zu einem Bienenschwarm bring Erde, wirf sie mit
deiner rechten Hand von unterhalb
deines rechten Fußes und sprich:
Greife ich unter den Fuß, so finde ich es.
Ja, die Erde hat Macht über jedes Wesen
und über den Ärger und über die Vergesslichkeit
und über die Zunge des mächtigen Mannes.
Und nun wirf Sand über sie, wenn sie schwärmen,
und sprich:
Setzt euch, ihr Siegfrauen, kommt herunter zum Land.
Niemals fliegt ihr wild zum Wald.
Ihr Bienen bedenkt, zu meinem Wohle
so wie jeder Mann es erwartet,
dass er sein Fleisch und sein Erbe erhält.

Sowohl der Lorscher Bienensegen als auch der altenglische Zauberspruch richten sich an ein schwärmendes Bienenvolk. Mit den Zauberworten möchte man den Schwarm davon abhalten, in den Wald zu fliegen. Der wilden Bienenschwärme Herr zu werden war also eine wichtige Angelegenheit für die frühen Bienenhalter. Der Verlust eines Schwarmes bedeutete für die Zeidler und

Imker deutliche Einbußen bei den kommenden Ernten. Ein wilder Bienenschwarm kann mehrere Kilometer weit fliegen, wenn er sich ein neues Zuhause sucht. Diese Wolke aus Bienen hoch in den Lüften zu verfolgen, war in der Regel unmöglich. Gemäß den frühen Zeidlereigesetzen durfte ein Zeidler Bienenschwärme nur so weit verfolgen, wie er seine eigene Axt werfen konnte. Man bemühte sich also darum, einen Bienenschwarm möglichst in der Nähe des abgeschwärmten Muttervolkes einfangen zu können.

In der Gegend um die Lüneburger Heide findet sich ein weiterer magischer Brauch rund um die Bienenschwärme. Hier wurden die Bienenkörbe mit frischem **Mädesüßkraut** ausgerieben, bevor man sie mit Bienenschwärmen besetzte. Dies sollte verhindern, dass die einlogierten Schwärme den Korb wieder verlassen, um sich ein anderes Zuhause zu suchen. Auch heißt es, dass ein derart behandelter Korb wilde Schwärme anlockt und diese dann von selbst in den leeren Korb einziehen.

*Detail einer Bienenhieroglyphe aus dem Grabkomplex des ägyptischen Pharaos Senusret I.*

# Die Symbolik der Bienen

In den Geschichten aus der Mythologie und der Folklore lässt sich eine eindeutige Symbolik der Bienen ableiten. Die Biene steht für Fruchtbarkeit, wird aber auch mit Tod und Sterben in Verbindung gebracht. Sie wird als Wesen gesehen, das die Pforten zu anderen Welten durchqueren kann. Diese Vorstellungen vereinen sich später in der christianisierten Form, in der die Biene als ein Symbol des Göttlichen, aber auch der göttlichen Liebe gilt. Die verschiedenen Aspekte dieser Symbolik möchte ich im Folgenden näher ergründen.

Die Bienen sind als Bestäuber ein wichtiger Faktor in der Vermehrung der Pflanzen. Sie sorgen dafür, dass die Pflanzen Früchte produzieren, sich vermehren und verbreiten. Ohne die Bienen wäre ein großer Teil des Lebens auf der Erde gar nicht erst möglich. Der Aspekt der Fruchtbarkeit ist hier also nicht nur ein symbolischer, sondern ein ganz praktischer, der jeden Tag in der Natur von den Menschen beobachtet werden kann. Doch sind Bienen nicht nur aufgrund ihrer Bestäubungsleistung zu einem Fruchtbarkeitssymbol geworden. Die rundlichen Baumhöhlen, in denen die Bienen gut behütet ihr Wabenwerk errichten und ihren Nachwuchs erbrüten, gleichen einer Gebärmutter. Im Winter ziehen sich die Bienen als Bienentraube in ihr Nest zurück und zehren vom Honigvorrat. Das Wabenwerk wird für sie zur nährenden Plazenta

Für die Menschen ist von diesem Schauspiel im Inneren nichts zu sehen. Der Bienenstock wirkt tot; er bewahrt jedoch in sich das ruhende Leben. Im Frühjahr fliegen wieder Tausende von Bienen aus dem Flugloch heraus. Sie werden wiedergeboren. Gleichzeitig sind die Bienen ein Zeichen des ewigen Lebens, da sie niemals wirklich sterben. Bären fressen sich vor ihrem Winterschlaf häufig durch Bienenbrut ihren Winterspeck an. Im Frühjahr kommt die Bärenmutter dann plötzlich mit ihrem Nachwuchs aus der Höhle. Es ist, als läge im Bienenstock das Geheimnis neu entstehenden Lebens. Der von den Bienen hergestellte Honig war schon immer ein geschätztes Aphrodisiakum. Auch die Menschen wurden durch die Bienen zur eigenen lustvollen Vermehrung und Fruchtbarkeit angeregt. Im Wesen der Bienen offenbart sich zudem die Einheit des Männlichen und des Weiblichen (weitere Ausführungen hierzu finden sich im Kapitel **Honig als Aphrodisiakum**).

Honig war dabei immer ein Symbol für Glück, Wohlstand, Reichtum und Lebensfreude. Bei einem so kostbaren und seltenen Gut bedurfte es natürlich einer gewissen Portion Glück, es überhaupt zu erbeuten. Honig war begehrt. Wer viel Honig besaß, der konnte ihn als Tauschmittel einsetzen. Honig war die süßeste Speise, die es gab. So wie wir uns heute an Naschereien erfreuen, labten sich die Menschen früher am Honig der Bienen.

Auch die Verbindung mit dem Totenreich und anderen Welten lässt sich erklären. Als Wesen, das hoch oben in den Bäumen oder an Felswänden zwischen Himmel und Erde lebt, ist die Biene so wie die Vögel mit den für Menschen unerreichbaren Welten verbunden. Die Biene lebt in einer Welt zwischen den Welten. Im Winter ist von den fleißigen Insekten nichts mehr zu sehen. So wie die Zugvögel entschwindet sie im Winter in eine für den Menschen nicht ergründbare Welt. Es ist, als ob sie ins Totenreich selbst wandert, um im Frühjahr wiedergeboren zu werden. Sie ist ein Tier mit einem zyklisch verlaufenden Lebensrhythmus von Tod und Lebendigkeit, den sie jedes Jahr aufs Neue durchlebt.



Die Biene als Symbol des Göttlichen in der christlichen Glaubenswelt findet sich vor allem in der Kunst. Es existieren zahlreiche Gemälde, in denen Bienen den Menschen göttliche Botschaften aus dem Himmel herabbringen. Der Honig ist hier das Wort Gottes, das die Menschen in sich aufnehmen. Ein Gemälde zeigt auch, wie Bienen aus dem Blut des gekreuzigten Jesus entstehen. Im Mittelalter wurde die Biene nicht selten als Metapher für das Gotteskind selbst genutzt. Hierbei handelt es sich jedoch um eine Adaption der heidnischen Vorstellungen und Symbolik rund um die Biene. Aus dem einstigen Fruchtbarkeitssymbol machte man kurzerhand ein Symbol der göttlichen Liebe und Weisheit. Der süße Honig, der vorher Lustbringer und Quell ausgelassener Lebensfreude war, ist nun zur reinen und edlen Güte Gottes geworden. Er ist die Belohnung für ein sündenfreies Dasein und die bedingungslose Hingabe an den Glauben. Wer es jedoch wagt, seinen Gott und die Gebote in Frage zu stellen, der bekommt den Stachel zu spüren. Das Bienengift wird der Zorn Gottes. »So ist es einer Biene Pflicht, dass sie jeden Sünder sticht«, heißt noch heute eine Redewendung in Imkerkreisen.

Als ein Zusammenschluss tausender einzelner Tiere, die friedlich ohne jeden Disput auskommen und alle die ihnen zugeteilte Aufgabe erledigen, damit am Ende das Wohl aller gesichert ist, steht der Bienenschwarm symbolisch auch für Zusammenhalt und Freundschaft. Die Bienen, die den Honig für den Wintervorrat eintragen, leben nicht lange genug, um von ihm zu kosten. Das macht Bienen ebenso zu einem Zeichen für Solidarität.

Die Ambivalenz der Biene (sie bringt uns den süßen Honig, hat aber gleichzeitig einen schmerzhaften Stachel) wird in vielen Redewendungen zum Symbol für die polaren Eigenschaften, die allen Dingen innewohnen. Sie erinnern uns daran, dass es keine Sachen gibt, die ausschließlich gut oder schlecht sind. Alles hat immer mehrere Aspekte. So finden sich in der deutschen Sprache folgende Überlieferungen:

*Honig im Munde, Gift im Schlunde.*

*Wer den Honig liebt, darf den Stachel nicht fürchten.*

*Das Wort ist wie eine Biene: es hat Honig und Stachel.*

*Wo Honig ist, ist der Stachel nicht weit.*

# Honig aus psychoaktivem Nektar und Honigtau

Unter den Pflanzen, die selbst psychoaktiv sind, produzieren viele auch einen psychoaktiven Nektar. Theoretisch wäre es daher möglich von jeder dieser Pflanzen auch entsprechenden Honig zu ernten. Man könnte meinen, psychoaktiver Honig müsste demnach eine viel häufigere und bekanntere Erscheinung sein. Leider sieht es in der Praxis nicht ganz so einfach aus, denn selbst wenn es viele Pflanzen mit psychoaktivem Nektar gibt, ist es nicht immer möglich, einen entsprechenden Honig zu ernten.

Damit die Ernte eines solchen Honigs überhaupt möglich ist, müssen mehrere Voraussetzungen erfüllt sein. Zum einen muss es sich um Pflanzen handeln, die von Bienen bestäubt werden. Auch wenn das auf die allermeisten Pflanzen zutrifft, gibt es jedoch auch Pflanzen, die ihren Nektar anderen Bestäubern widmen. Ebenso muss die Pflanze in einer großen Anzahl im Sammelgebiet der Bienen vorhanden sein, damit überhaupt eine ausreichende Menge an Nektar eingetragen werden kann. Dann darf es während der Blüte dieser Pflanzen nur wenig andere Blüten im Sammelgebiet geben, die die Bienen anlocken, da sonst die Reinheit des psychoaktiven Nektars im Honig immer mehr sinkt. Ebenso muss der entsprechende Honig direkt nach Ende der Blütezeit der entsprechenden Pflanze geerntet werden, damit er nicht im Nachhinein mit anderen Honigsorten vermischt wird.



Genauso wie die Imker die Bienen zur Rapsblüte in eines der weiten Felder stellen und nach der Blütezeit direkt den Honig entnehmen, damit sie reinen Rapshonig ernten können, braucht es solche Voraussetzungen für die Ernte eines reinen psychoaktiven Honigs. Würden psychoaktive Pflanzen in vergleichbaren Monokulturen angebaut wie Raps und Obstplantagen, wäre es ein Leichtes, mehr psychoaktiven Honig zu ernten. Aber in der Realität sieht es anders aus. Die aufgeführten Voraussetzungen kommen in der freien Natur nämlich äußerst selten zusammen, so dass die Ernte eines berauschenden Honigs leider eine seltene Angelegenheit bleibt. Dennoch gibt es in einigen Teilen dieser Welt Gegenden, in denen zu bestimmten Zeiten ebenjene Voraussetzungen ganz natürlich vorherrschen. Das Ergebnis solch glücklicher Fügungen schätzen die Menschen dort als etwas ganz Besonderes; es hat ihre Rituale, ihr Leben und ihre Kultur beeinflusst. Der Konsum eines so besonderen und seltenen Honigs bleibt meist den wenigen Menschen vorbehalten, die in den entsprechenden Gegenden leben. Ernte und Genuss psychoaktiver Honige stellen dort in den meisten Fällen eine ganz besondere, nicht alltägliche Ausnahme dar, die in ritueller Weise vollzogen wird. So verwundert es nicht, dass der Erwerb solcher Honigsorten kaum möglich und selbst das Wissen um diese Honige so wenig verbreitet ist. Das alles macht psychoaktiven Honig wahrlich zu einem ganz besonderen Rauschmittel, das in respektvoller Weise betrachtet werden sollte.

Einige dieser besonderen Honige werden in diesem Kapitel vorgestellt. Bisher sind nur wenige solcher Honige bekannt. Auch die tiefere Erforschung dieser Honige ist noch weitgehend gering. Vielleicht entdecken wir ja in der Zukunft, wenn wir uns diesem Thema intensiver widmen, weitere ungeahnte Schätze und Erkenntnisse. Zum besseren Verständnis bedarf es zunächst einer kurzen Einführung, wie Honig und andere Bienenprodukte überhaupt entstehen und geerntet werden.



### *Von Bienchen und Blümchen …*

Die meisten Blütenpflanzen produzieren Nektar, um damit Bestäuber anzulocken. Diesen Nektar sammeln die Arbeiterbienen aus einem Honigbienenvolk. Aber nicht nur pflanzlicher Nektar wird von den Bienen genutzt, um Honig zu machen. Auch aus **Honigtau** entsteht durch die Bienen ein Honig. Als Honigtau bezeichnet man die zuckerhaltigen Ausscheidungen von pflanzensaftsaugenden kleinen Insekten. In der Regel sind es Läuse. Es gibt verschiedene Arten von Honigtauproduzenten; häufig ist jede Art auf eine ganz bestimmte Pflanzenart spezialisiert. So gibt es

Läuse, die ausschließlich an Tannen saugen und dort die Grundlage für den begehrten Wald- und Tannenhonig bilden. Aber auch an der Linde findet sich eine Läuseart. Lindenhonig ist in der Regel eine Mischung aus dem Nektar der Blüten und dem Honigtau der Läuse. Wenn die Bienen nun eine Blüte besuchen, um den Nektar zu sammeln, bleibt immer ein kleiner Teil Pollen in ihren Borsten kleben. Dieser wird von der Biene zur nächsten Blüte gebracht, die dadurch bestäubt wird. Wenn Bienen Pollen für die eigene Verwendung sammeln, dann vermengen sie den Blütenpollen in den Blüten mit ihrem Speichel und kleben ihn an ihre Hinterbeine, wo sich die Pollenhöschen befinden: Sie höseln den Pollen. Der Pollen, der sich in ihrem Borstenkleid befindet, dient nur der Pflanzenbestäubung und wird von den Bienen nicht verwendet.

Bienen haben eine klare Arbeitsteilung, wenn es um das Sammeln von Rohstoffen geht. Eine Biene fliegt aus, um entweder Nektar oder Pollen zu sammeln. Es wird nie beides gleichzeitig von einer Biene gesammelt. Neben den Bienen, die ausfliegen, um Nektar oder Pollen zu sammeln, gibt es noch solche, die Wasser holen (das zur Klimatisierung des Bienenstocks und zum Auflösen von auskristallisiertem Honig gebraucht wird) und solche, die pflanzliche Harze und andere bisher wenig erforschte Rohstoffe für die Propolis-Herstellung sammeln.



Sowohl der frische Nektar als auch der frische Pollen werden von den Bienen, sobald er im Bienenstock angekommen ist, weiterverarbeitet. Die Sammelbienen überreichen ihre Last Trägerbienen direkt am Flugloch und fliegen gleich wieder los für ihre nächste Sammeltour. Von den Trägerinnen wird der Honig oder der Pollen ins Innerste des Volkes gebracht.

Nektar hat zunächst einen Wassergehalt von über 80 Prozent, wenn er frisch aus den Blüten kommt. Um hieraus den haltbaren Honig zu machen, müssen die Bienen den Wassergehalt auf unter 20 Prozent senken. Immer wieder nehmen verschiedene Arbeiterbienen den Honig in ihre Honigmägen auf, wo er mit im Speichel vorhandenen Enzymen angereichert wird, und lagern ihn dann in Wabenzellen ein. Durch die warme Umgebungstemperatur (im Bienenstock beträgt sie immer genau 35 °C) verdunstet bei diesem Vorgang ein großer Teil des Wassers. Sobald der Honig reif ist, wird er endgültig in eine der Wabenzellen eingelagert, die dann luftdicht mit einem Wachsdeckel verschlossen wird. Der so von den Bienen präparierte Honig ist nahezu unendlich lange haltbar. Dieser Honig dient den Bienen dann als Futter für den langen Winter.

Auch der Pollen wird verarbeitet. Dieser wird genau wie der Honig mit Enzymen angereichert und zu einem Brei vermischt, der anschließend in Wabenzellen eingelagert wird. Dort beginnt der Pollen zu vergären (Milchsäuregärung). Es entsteht ein säuerliches Endprodukt, welches **Bienenbrot** oder in der Fachsprache **Perga** genannt wird. Das Bienenbrot, welches sehr viel Eiweiß enthält, ist die Nahrung für die Bienenlarven. Die Larven werden von Ammenbienen mit der nahrhaften Kost gefüttert, damit sie genügend Energiereserven für ihre Metamorphose aufbauen.



Honigbienen sind bei ihren Sammelflügen **blütenstet.** Das bedeutet, dass sie pro Ausflug ausschließlich die Blüten einer einzigen Pflanzenart besuchen; Wildbienen und Hummeln hingegen wechseln munter von Art zu Art. Daher ist die Honigbiene, was die Bestäubung der Pflanzen angeht, der wichtigste Helfer. Genau diese Eigenart macht es auch möglich, dass wir überhaupt einen Honig einer einzelnen Pflanzenart ernten können, was unerlässlich ist, wenn wir einen Honig anstreben, der aus dem Nektar einer bestimmten psychoaktiven Pflanzenart entsteht.

Wichtig ist es auch, sich einmal die ursprüngliche Verbreitung der Honigbiene (*Apis mellifera,* westliche Honigbiene) anzuschauen. Auch wenn diese Bienenart mittlerweile weltweit gehalten wird, so war sie in früherer Zeit nicht in allen Teilen der Welt zu finden. Sie fehlte gänzlich in der Neuen Welt und Australien. In Süd- und Mittelamerika sowie in Australien lebten hingegen nur stachellose Honigbienen *(Miliponini)*. In Nordamerika fehlten die staatenbildenden Honigproduzenten vor der Ankunft der europäischen Eroberer gänzlich. So ist von diesem Kontinent auch kein Gebrauch psychoaktiver Honigsorten bei den indigenen Ureinwohnern nachzuweisen. In Hinblick auf mögliche noch unbekannte Honige eröffnet sich hier also ein weites Forschungsfeld für die Zukunft.

### *Cannabis und Schlafmohn*

Man könnte nach den obigen Ausführungen anmerken, dass es doch psychoaktive Pflanzen gibt, die in großen Monokulturen angebaut werden: Cannabis *(Cannabis sativa)* und Schlafmohn *(Papaver somniferum)*. Nicht erst seit der Legalisierung von Cannabis in verschiedenen US-Bundesstaaten sprießen große Cannabisplantagen auf freiem Feld, und die großen Bestände an Schlafmohn im Mittleren Osten, die dort sowohl für medizinische Zwecke als auch zur Herstellung von illegalisierten Drogen angepflanzt werden, scheinen ungeahnte Möglichkeiten für große Mengen an berauschendem Honig zu versprechen.



Demnach müsste es doch ein Leichtes sein, Cannabis- und Schlafmohnhonig zu ernten. Eine schöne Vorstellung, die in der Tat von vielen Psychonauten träumerisch in Erwägung gezogen wird. Zugegeben: Als ich mit dem Imkern begann, war genau dies auch eine meiner ersten Überlegungen. Schnell lehrte mein Imkermeister mich jedoch die ernüchternde Realität: Es gibt weder einen Honig von Hanf noch von Schlafmohn. Schade. Doch warum ist das so?

Hanf ist **anemochor,** das bedeutet windbestäubend. Pflanzen, die sich durch den Wind bestäuben lassen, produzieren keinen Nektar. Die Bienen können also keinen Honig aus Hanfblüten machen. Das heißt aber nicht, dass Hanfblüten für die Bienen generell uninteressant sind. In der Tat bietet Hanf den Bienen ein reiches Angebot an Pollen, und die Bienen befliegen den Hanf dennoch. Gibt es also doch eine Hoffnung auf psychoaktiven Hanfhonig? Leider nein. Pollen wird lediglich in den männlichen Blüten produziert, und diese produzieren bekanntermaßen beim Hanf kaum psychoaktive Inhaltsstoffe. Da Honig immer auch einen geringen Anteil an Pollen enthält, ist es aber in der Tat möglich, einen Honig zu ernten, der ein signifikantes Hanfaroma aufweist. Diese Tatsache ist wohl der Grund dafür, dass sich das Gerücht über psychoaktiven Cannabishonig so hartnäckig hält. Auch wenn Hanfpollen nun nicht für einen berauschenden Honig sorgt, ist es dennoch ein faszinierendes Erlebnis, die Bienen beim Eintragen der Hanfpollen zu beobachten, denn Hanfpollen hat eine einzigartige silbrig glänzende Farbe. Ein Rezept, mit dem man dennoch einen hanfigen Honig mit berauschendem Potenzial herstellen kann, findet sich im Kapitel **Honig als Trägermittel psychoaktiver und heilsamer Substanzen**.

Und wie sieht es mit dem Schlafmohn aus? Schlafmohn und andere Mohnarten werden von den Bienen geliebt und intensiv beflogen. Jeder, der Mohn in seinem Garten hat, wird dies an sonnigen Tagen beobachtet haben. Aber auch hier sammeln die Bienen keinen Nektar. Schlafmohn hat wie die meisten anderen Mohnarten eine reine Pollenblüte und produziert keinen Nektar. Die Bienen sammeln hier also ausschließlich Pollen. Auch wenn nun etwas von dem Pollen in den Honig gelangt, reicht dies für eine psychoaktive Wirkung leider nicht aus.



### *Hanf als Mittel für die Bienengesundheit*

Auch wenn Hanf uns keinen psychotropen Honig schenkt, ist diese Pflanze doch auf eine ganz andere Art und Weise für die Bienen von großer Bedeutung. Über die medizinischen Anwendungen und Wirkungen von Cannabis beim Menschen existieren mittlerweile viele Publikationen, und das therapeutische Potenzial ist durch zahlreiche wissenschaftliche Untersuchungen erforscht und nachgewiesen. Weitaus weniger bekannt ist die **Anwendung von Hanf bei Tieren.** Hier und da gibt es zwar schon vereinzelt Tierheilpraktiker und Tierärzte, die auf die Kraft von Cannabispräparaten vertrauen, doch die medizinische Anwendung bei den Bienen ist ein ganz neues Forschungsfeld.

Dass die Wirkung von Cannabis bei Säugetieren wie Hund und Katze eine ähnliche ist wie beim Menschen, verwundert nicht, sind sie uns doch in biologischer Hinsicht sehr ähnlich. Da ist es ein Leichtes, von den Erkenntnissen aus der Humanmedizin auf Anwendungen in der Tiermedizin bei den typischen Haustieren zu schließen und die Präparate entsprechend anzuwenden.

Anders sieht es jedoch bei den Bienen aus; kein Wunder, dass die positiven Effekte, die in diesem Bereich zu erwarten sind, ganz anders ausfallen. In Zeiten, in denen das Massensterben von Bienen in den Medien ein Thema ist, wurde zwar mit CCD *(Colony collapse disorder)* zumindest ein Name für die Ursache kreiert, die Hintergründe und mögliche Gegenmaßnahmen sind jedoch wenig erforscht. Man geht aber davon aus, dass dabei Umwelteinflüsse, Pflanzenschutzmittel in der Landwirtschaft sowie die stark sinkende Biodiversität im Trachtangebot der Bienen eine große Rolle spielen.

Hier kommt nun die Hanfpflanze ins Spiel. In verschiedenen Teilen der Welt entdeckten Wissenschaftler unabhängig voneinander, dass Bienen, denen ein ausreichendes Nahrungsangebot anderer Blüten fehlt, vermehrt an den Blüten von männlichen Nutzhanfpflanzen sammeln. Dieses Verhalten der Bienen scheint auf den ersten Blick nichts Besonderes zu sein; aus der Sicht der Imker zeigt sich hier jedoch eine besondere Entwicklung. Wie bereits erwähnt, ist Hanf windbestäubend, er produziert also keinen Nektar. Den zuckerhaltigen Kraftstoff, aus denen die Bienen Honig machen, können sie hier nicht sammeln. Vor diesem Hintergrund ist die Hanfblüte also uninteressant für die Bienen. Lediglich die männlichen Blüten, die den Pollen produzieren, bieten einen kleinen Anreiz für die Bienen, da sie ja auch Pollen verschiedenster Pflanzen sammeln.



Die Mohnarten etwa sind typische reine Pollenpflanzen, deren Blüten gerne von den Bienen besucht werden. Also ist auch der Besuch von Blüten, die keinerlei Nektar bereithalten, nichts Ungewöhnliches. Der Unterschied: Die leuchtenden Blüten von Mohnarten sind dafür konzipiert, von den Bienen bestäubt zu werden. Mit viel Aufwand bilden die Pflanzen eine für die Bienen attraktive Blüte, um sicherzustellen, dass sie erfolgreich bestäubt werden. Diese Pflanzen bieten den Bienen zwar keinen Nektar, sind jedoch keine Windbestäuber. Sie verlassen sich voll und ganz auf die Bestäubungsleistung von Insekten. Als Belohnung für die Arbeit der kleinen Insekten produzieren sie große Mengen an Pollen, an dem sich die Bienen bedienen.

Ganz anders ist es beim Hanf. Die männlichen Blüten sind unscheinbar und von ihrem Aufbau her nicht für Insekten konzipiert. Der Hanf hat sich dem Wind verschrieben. Auch wenn sich gelegentlich eine Biene am Hanf einen Pollensnack holt, so war dies zumindest in der Vergangenheit eher die Ausnahme. Das Pollensammeln am Hanf ist für die Bienen sehr mühselig: es bedeutet viel Arbeit für eine geringe Menge an Pollen und eine Verschwendung der so kostbaren aus dem Nektar und Honigtau der Pflanzen gewonnenen Energie. Was nun die Bienen veranlasst, dennoch vermehrt den Hanf zu befliegen, ist ein interessantes Thema. Die gesundheitlichen Effekte des gesammelten Hanfpollens spielen dabei eine große und wichtige Rolle. Aber auch die Veränderungen in unserer Umwelt und die damit verbundene Abnahme der Diversität der Trachtpflanzen ist nicht zu unterschätzen.



Bereits im Jahr 2009 stieß eine Forschungsgruppe des Vereins Schweizer Hanffreunde (VSHF) auf ähnliche Hinweise: Sie stellten 24 Bienenvölker in ein Nutzhanffeld und beobachteten, dass die Bienen vermehrt Pollen dieser Pflanze eintrugen. Im weiteren Verlauf zeigte sich eine deutlich erhöhte Überlebensrate gegenüber der Kontrollgruppe, die keine Hanfpollen sammelte, im darauffolgenden Winter. Von den Bienenvölkern, die im Nutzhanffeld standen, überlebten circa 90 Prozent den Winter, bei der Kontrollgruppe hingegen nur die Hälfte. Dieses Sterben von Bienenvölkern über den Winter ist ein typisches Symptom des CCD. Hierbei fliegen sich die Völker leer. Das bedeutet, dass die Bienenmasse im Volk immer mehr abnimmt, bis nur noch vereinzelte Bienen im Bienenstock zu finden sind, die nicht mehr in der Lage sind, als Volk zu überleben. Diese Abfliegen kommt daher, dass Bienen, die ihr baldiges Ende erahnen, den Bienenstock eigenständig verlassen, um im Freien zu sterben. Dies ist ihr letzter Dienst am Bienenvolk. Würden sie im Bienenstock sterben, könnten sich im empfindlichen Inneren Bakterien und Viren ausbreiten – eine tödliche Gefahr für das gesamte Bienenvolk. Zudem müssten die anderen Bienen den toten Bienenkörper mühevoll aus dem Bienenstock transportieren. Eine sterbende Biene quält sich also lieber mit letzter Kraft hinaus ins Freie.

Die Schweizer Forscher mutmaßten, dass die Inhaltsstoffe im Hanfpollen eine wichtige Rolle dabei spielten, die Bienen gesund zu halten. Sie vermuten eine Wirkung von Hanfwirkstoffen gegen den Bienenparasiten Varroa, der für viele Völkerverluste verantwortlich gemacht wird. Auch eine antibiotische und immunstärkende Wirkung wird dem Hanfpollen nachgesagt. So soll er auch gegen die Amerikanische Faulbrut (eine durch Bakterien verursachte hochansteckende Bienenseuche) helfen. Neben der Varroa-Milbe ist die Amerikanische Faulbrut die häufigste Todesursache bei Bienenvölkern. Es ist daher anzunehmen, dass noch nicht näher definierte Wirkstoffe im Pollen von Cannabis eine positive Wirkung auf die Abwehrkräfte sowohl gegen bakterielle als auch parasitäre Einflüsse haben.



Auch aus persönlichen Berichten französischer Imker weiß ich von Beobachtungen, die einen Zusammenhang zwischen dem Eintragen von Hanfpollen und der Widerstandskraft der Bienenvölker vermuten lassen. Da die tiermedizinischen Präparate, die derzeit gegen die Varroa-Milbe eingesetzt werden, vermehrt zu Resistenzen und damit zu Unwirksamkeit führen, bedarf es hier dringend neuer Ansätze, um die Bienen langfristig zu schützen. Eine medikamentöse Behandlung der Amerikanischen Faulbrut ist derzeit nicht möglich. Auch hier könnten weitere Forschungen in Richtung Hanf neue Hoffnungen aufzeigen. Die Schweizer Forscher erklären sich die Wirkung des Pollens so, dass die Wirkstoffe im 35 °C warmen Bienenstock verdampft werden und so über die Stockluft auf das komplette Bienenvolk wirken. Eine Aufnahme über die Nahrung ist eher undenkbar, da die eiweißreichen Pollen hauptsächlich als Larvennahrung gebraucht werden.

Die erwachsenen Bienen sollten also keine nennenswerten Mengen der Pollenwirkstoffe über die Nahrung aufnehmen können. Die These zur Wirkung über die Stockluft ist nicht abwegig, wenn man bedenkt, dass Mittel gegen Varroa-Befall bei den Bienen sich ebenfalls dieses Prinzips bedienen: Die Präparate werden in den Bienenstock eingebracht und verdunsten dann ihre Wirkstoffe in der Stockluft. Die Bienen, die den Bienenstock stets gut belüftet halten, fächern die Stockluft in einem steten Luftstrom quer durch den Bienenstock. So wird eine optimale Verteilung der Wirkstoffe im gesamten Bienenvolk gewährleistet.

Die Schweizer Forschergruppe experimentierte auch mit einem aus Hanfblüten hergestellten Sirup. Dieser süße, zuckerhaltige Extrakt wurde den Bienen gefüttert, ganz ähnlich der Fütterung mit Futtersirup, mit der man Bienenvölker für die Winterruhe auffüttert. Die Bienen nahmen den stark wirkstoffhaltigen Sirup gerne an, und es konnten ähnliche positive Effekte wie bei dem Eintragen der Hanfpollen bei den Bienen beobachtet werden. Ausführliche wissenschaftliche Untersuchungen zu diesen Beobachtungen stehen jedoch noch aus.



In Indien untersuchte der Wissenschaftler Jasvir Singh Dalio das Phänomen des vermehrten Pollensammlens durch Honigbienen an wilden Hanfpflanzen näher. Dort bemerkte man, dass die Bienen in Zeiten, in denen andere Bienenweide rar ist, ganz gezielt den reichlich wild wachsenden Hanf anfliegen, jedoch nur in Zeiten, in denen andere Nahrungsquellen für die Bienen extrem selten sind. Solange genügend andere Blütenpflanzen ihr Angebot bereitstellen, ist der Hanf für die Bienen uninteressant und wird nicht beflogen, da die Pollenernte am Hanf eben sehr mühselig für die Bienen ist und bei einem Angebot von ertragreicheren Quellen nicht lohnt.

Jasvir Singh Dalio konnte zeigen, dass die Bienen in diesen Fällen den Hanf vermehrt sowohl in den Morgen- als auch in den Abendstunden besuchten, während tagsüber nur wenige Bienen an den Pflanze zu finden waren. Dies deckt sich mit den Zeiten, in denen die männlichen Hanfblüten vermehrt Pollen freisetzen. Die

Bienen scheinen zu wissen, dass die Ausbeute zu diesen Zeiten effektiver ist, und konzentrieren ihre Sammeltätigkeit auf diese zwei Zeitfenster. Beobachtungen in Indien zeigen, dass die Bienen, die in Zeiten von sehr kargen Bienentrachten wilden Hanf im Flugradius haben und dort Pollen sammeln, wesentlich besser mit der Nahrungsknappheit umgehen können.

Hanfpollen scheint aufgrund seiner Inhaltsstoffe besonders geeignet, die Bienen über diese Zeiträume vital zu erhalten, und wirkt generell tonisierend und stärkend auf die Gesundheit der Bienenvölker. Es lässt sich vermuten, dass dies auch die Widerstandskraft der Bienen gegen Pestizide, Neonikotinoide und andere Pflanzenschutzmittel, die in der Landwirtschaft eingesetzt werden, erhöht. Eine genaue Evaluierung und Erforschung der Wirkungsweise wäre wünschenswert.

Besonders für Grower, die Hanfpflanzen ihrer psychotropen Eigenschaften wegen anbauen und somit ihr Hauptaugenmerk auf die weiblichen Pflanzen legen, ergeben sich durch diese Erkenntnisse wichtige Handlungsempfehlungen. In Hinblick auf die Rettung der Bienen ist es von Vorteil, wenn nicht nur weibliche Hanfpflanzen angebaut werden. Auch männliche Hanfpflanzen sollten ihren Platz in den wilden Anbauflächen finden. Die Bienen würden hiervon nur profitieren. Aber auch Hanfbauern, die Cannabis legal sowohl für die Nutzhanfgewinnung als auch zu medizinischen Zwecken anbauen, können durch die aktive Zusammenarbeit mit Imkern etwas gegen das weltweite Bienensterben tun.



Eine weitere eher hypothetische Überlegung zur Nützlichkeit des Hanfs für die Bienengesundheit steht ebenfalls im Raum. Bienen stellen neben Honig, Bienenwachs, Perga und Gelee Royale noch einen weiteren Stoff her. Die Rede ist von Propolis. Diese klebrige braune Substanz ist bekannt für antibiotische, antivirale, antimykotische sowie immunstärkende Wirkungen und wird zu therapeutischen Zwecken in der Humanmedizin eingesetzt. Die Wirksamkeit von Propolis konnte in vielerlei Aspekten bereits wissenschaftlich bestätigt werden. Wie die Bienen diesen Stoff genau herstellen, ist noch nicht gänzlich erforscht. Man weiß, dass sie hierzu unter anderem die Harze und Pflanzensäfte verschiedener Bäume und Pflanzen sammeln. Besonders die klebrigen Pappelknospen sind ein beliebter Rohstofflieferant für die Bienen. Auch die weiblichen Hanfblüten sondern bekanntlich ein klebriges Sekret ab, das möglicherweise von den Bienen zum Zweck der Propolisherstellung gesammelt wird.

Die Bienen nutzen Propolis ebenfalls wegen seiner therapeutischen Eigenschaften. Mit diesem Stoff wird das komplette Innere des Bienenstocks ausgekleidet und so ein fast keimfreier Raum geschaffen. Auch Eindringlinge, die die Bienen im Bienenstock getötet haben, aber aufgrund ihrer Größe nicht herausschaffen können, werden in Propolis einbalsamiert. Große Käfer, Hummeln oder gar Mäuse werden so von den Bienen regelrecht mumifiziert (die Ägypter haben sich diese Technik von den Bienen abgeguckt). Dies verhindert, dass die Kadaver im Bienenstock verwesen und so Krankheiten verursachen. Es ist also durchaus denkbar, dass aus Cannabis hergestelltes Propolis besondere Eigenschaften aufweist. Dieses These konnte ich jedoch bisher nicht verifizieren. Es kursieren vereinzelte Berichte, dass die Bienen auch an weiblichen Blüten gesichtet wurden. Genaueres hierzu ist aber noch unklar.



### *Xtabentun*

Aus Yucatan in Mexiko stammt dieser Vertreter der besonderen Honigsorten, von den einheimischen Maya **Xtabentun** (ausgesprochen: *Isch Ta Ben Tun*) genannt; es handelt sich hier um Honig aus der Stammpflanze *Turbina corymbosa* (Syn.: *Rivea corymbosa*). Dies ist ein echter psychoaktiver Honig, der durch natürliche Voraussetzungen entsteht. Die Pflanze ist im gesamten mittelamerikanischen Raum heimisch; die Gegebenheiten, um einen reinen Honig aus ihr zu ernten, scheinen aber nur in Yucatan und auf Kuba vorzuliegen. Die Samen der Pflanze haben bei der indigenen Bevölkerung eine lange Tradition schamanischer Nutzung. Diese kleinen runden Samenkörner heißen bei den Maya *Ololiuqui* (»kleines rundes Ding«). Die gesamte Pflanze enthält Indolalkaloide. Genauer sind es Stoffe aus der Gruppe der Mutterkornalkaloide. Hauptwirkstoffe sind Lysergsäureamid (LSA) und Lysergsäurehydroxyethylamid (LSH). Beides sind Moleküle, die chemisch ähnlich aufgebaut sind wie Lysergsäurediethylamid (LSD) und eine ebenfalls psychotrope, wenn auch viel schwächere und mit deutlichen Nebeneffekten behaftete Wirkung aufweisen. Den höchsten Gehalt an Wirkstoffen haben die Samen; aber auch im Nektar der Pflanze finden sich die Wirkstoffe wieder und gelangen so in den Honig.

Der Honig aus dem Nektar dieser Pflanze und seine psychoaktiven Eigenschaften waren bereits den frühen Maya bekannt. Der Honig war den Ah Muzen Cab, den Bienengöttern, geweiht und ist eine wichtige Zutat für den heiligen **Balché-Trank.**

Dieses Ritualgetränk wird aus Wasser, Honig und Teilen des Balché-Baumes gebraut. Es hat eine stark erheiternde Wirkung. Aggressionen werden abgebaut, und Gefühle von Liebe und Zuneigung kommen auf. Bei den Maya wird dieser Trank bis heute in heiligen Zeremonien gebraut und gemeinschaftlich getrunken. Es ist ein wichtiges Ritual zur Stärkung der Gemeinschaft und des Zusammenhalts im Dorf.



Gewonnen wird der wirksame Honig von einer stachellosen Bienenart *(Meliponini)*. Diese Bienen sind die einheimischen Bienen in Süd- und Mittelamerika und bilden deutlich kleinere Völker als die bei uns lebenden Honigbienen. Die Menge an Honig, die pro Volk geerntet werden kann, ist daher deutlich geringer. Die Bienen haben eine interessante Verteidigungsstrategie entwickelt. Anders als ihre Verwandten mit Giftstacheln können sie Honigräuber nicht stechen. Sie befliegen daher aktiv die Augen des Eindringlings und beginnen mit ihren Mundwerkzeugen zuzubeißen.

Es zeigen sich beim Konsum der Samen und des Honigs die gleichen Effekte, wobei vom Honig eine wesentlich größere Menge konsumiert werden muss. Insgesamt gilt der Honig als verträglicher als die Samen. Die Wirkung von LSA hält in der Regel vier bis sechs Stunden an. Es zeigt sich eine deutliche Veränderung des Bewusstseins, wobei visuelle Halluzinationen selten sind.

Tranceartige Bewusstseinszustände treten ein. Beim Konsum der Samen treten häufig Nebenwirkungen wie Krämpfe und Übelkeit auf. Da solche Effekte beim Konsum der Wirkstoffe in Reinform nicht beobachtet wurden, ist davon auszugehen, dass sie von anderen Stoffen, die in den Samen enthalten sind, verursacht werden. Auch Honig scheint keine unerwünschten Nebenwirkungen zu haben. Geringe Dosierungen fördern die Intensität von Träumen und wirken erheiternd und stimulierend.

Der Honig in seiner puren Form ist heute schwierig zu bekommen. Lediglich in einem speziellen Likör aus Mexiko findet er noch eine nachweisbare Verwendung. Auch von den heute lebenden Maya wird für die Zubereitung des Balché-Tranks in der Regel normaler Honig genutzt. Vielleicht liegt dies daran, dass die natürlichen Vegetationsbedingungen die Ernte eines reinen Honigs nicht mehr oder nur noch selten zulassen.

## *Mad Honey*



Der berühmteste psychoaktive Honig ist wohl der sogenannte *Mad Honey* (engl. »verrückter Honig«), auch bekannt als *Pontischer Honig, bitter honey, Tollhonig, Deli bal* und *Miel fou*, wobei »toll« ein altes deutsches Wort für »verrückt« ist und die beiden letzten Begriffe auf Türkisch und Französisch »verrückter Honig« bedeuten. In der vielversprechenden Beschreibung dieses Honigs ist man sich also in mehreren Sprachen einig. »Pontischer Honig« hingegen deutet die Herkunft dieser süßen Kostbarkeit an. »Pontisch« bedeutet »zum Schwarzen Meer gehörend«, beschreibt also die Gegend um das Schwarze Meer als Herkunftsort des verrückten Honigs. Die Bezeichnung *bitter honey*, »bitterer Honig«, beschreibt den etwas eigenwilligen bitteren Geschmack dieses Honigs. Doch was hat es mit diesem so besonderen Honig auf sich?

Es handelt sich um den Honig aus einer ganz bestimmten Pflanze, die fast nur im Nordosten der Türkei in einer Region am Fuße des Kaçkar-Gebirges nahe dem Schwarzen Meer zu finden ist. Die Rede ist von *Rhododendron ponticum,* dem Pontischen

Rhododendron. Gelegentlich wird auch die Gelbe Azalee (Pontische Azalee, *Rhododendron luteum*) als Trachtpflanze in Betracht gezogen. Der Honig ist von einer dunklen, rotbraunen Farbe.

Bereits in der Antike sorgte dieser Honig für Schlagzeilen. Der griechische Feldherr **Xenophon** berichtet in seinem Werk *Anabasis* von einer Begebenheit nach der Schlacht bei Kunxa im Jahre 401 v. Chr. Sein Heer befand sich nach der Niederlage auf dem Rückzug und kehrte in Dörfern an der Küste des Schwarzen Meeres ein, wo die Soldaten sich mit Honigwaben stärkten. Er schreibt:

*»Die Soldaten, die von den Honigwaben aßen, verloren alle die Besinnung, erbrachen und bekamen Durchfall, keiner von ihnen konnte sich aufrecht halten, sondern wer wenig gegessen hatte, glich einem völlig Betrunkenen, wer aber zu viel zu sich genommen hatte, Wahnsinnigen, einige sogar Sterbenden. So lagen viele auf dem Boden herum wie nach einer Niederlage, und es herrschte große Mutlosigkeit. Am nächsten Tag aber war keiner gestorben, und ungefähr zur selben Stunde kamen sie wieder zur Besinnung.«*

Xenophon, *Anabasis,* IV, 8, 20-21



Auch in anderen antiken Schriften finden sich Hinweise auf die Wirkung dieses Honigs. Strabon, ein römischer Geschichtsschreiber, beschreibt, wie die Truppen von Gnaeus Pompeius Magnus im Mithradatischen Krieg nach dem Genuss von Honigwaben kampfunfähig waren und daher leicht von ihren Widersachern überwältigt werden konnten. Diese setzten den Honig mit Absicht ein, um Pompeius' Armee zu schwächen. Man könnte sagen, dass dies eine der ersten belegten Verwendungen eines biologischen Kampfstoffs ist.

*»Die Heptacometae erschlugen drei Manipel von Pompeius' Armee, als sie durch das bergige Land marschierten; denn sie bereiteten Schalen des verrückten Honigs vor, der von den Ästen der Bäume stammt, stellten die Schalen an die Straße, und als die Soldaten ihn zu sich nahmen und ihre Sinne verloren, griffen sie an und vernichteten sie.«*

Strabon, Geographica, XII, 3, 18

Moderne Berichte über Pontischen Honig existieren kaum. Wenn, dann handelt es sich um kurze Nachrichtenmeldungen über Vergiftungsfälle mit türkischem Honig oder Warnungen, dass man sich keinesfalls Honig aus seinem Türkeiurlaub mitbringen sollte, da dieser zu schweren Vergiftungen führen kann. Eine genaue Beschreibung der Giftwirkung bleibt in den Medien jedoch meist aus. Nur in medizinisch orientierten Berichterstattungen finden sich einige Worte zur Beschreibung der Wirkung. Hier ist die Rede von gastrointestinalen Symptomen und Synkopen, grob übersetzt also Magen-Darm-Problemen und Herzrhythmusstörungen – beides keine wirklich erstrebenswerten Zustände. Doch wie die Beschreibung von Xenophon es schon andeutet, scheint die Wirkung dieses Honigs wie bei vielen anderen Stoffen stark von einer moderaten Dosierung abzuhängen.

Leichte Dosierungen ergeben einen Rausch, der auf Außenstehende wie ein Alkoholrausch wirkt. Höhere Dosierungen entfachen »Wahnsinn«. Ein Wort mit dem man aber durchaus auch den berauschten Zustand unter Einfluss von stark psychedelisch wirkenden Substanzen wie beispielsweise LSD oder psilocybinhaltigen Pilzen beschreiben könnte. Gemäß dieser Betrachtungsweise kann auch dies ein wünschenswerter Effekt sein.



Es scheinen also erst hohe bis sehr hohe Dosierungen zu einem negativen oder gesundheitlich bedenklichen Zustand zu führen. Interessanterweise wird sowohl in modernen medizinischen Berichten als auch bei Xenophon berichtet, dass der entsprechende Zustand nach einiger Zeit selbst nach hohen Dosierungen abklingt. Xenophon macht sogar eine ziemlich konkrete Aussage über die Wirkdauer. Es ist mit einer Wirkdauer von bis zu 24 Stunden zu rechnen – wobei diese Zeit höchstwahrscheinlich auch eine Ruhephase und Zeit der geistigen Regeneration nach dem eigentlichen Rausch umfasst.

Eigene Erfahrungen mit dem Honig zeigen, dass die Wirkung nur wenige Stunden anhält. Der Wirkbeginn tritt etwa eine halbe Stunde nach dem Konsum ein. Der Höhepunkt der

Rauschwirkung ist etwa nach einer Stunde zu erwarten und hält ein bis zwei Stunden an. Danach klingt die Wirkung schnell wieder ab.

Um die Wirkung und mögliche sinnvolle Dosierungen besser eruieren zu können, macht es Sinn, die im Honig enthaltenen Wirkstoffe einmal genauer zu betrachten. Die Wirkung von *Rhododendron ponticum* basiert vor allem auf **Grayanotoxinen**, einer Reihe von Toxinen, die zur Gruppe der Diterpene gehören. Diese Giftstoffe finden sich in vielen Heidekrautgewächsen, insbesondere in einigen *Rhododendron-* und *Kalmia*-Arten (siehe Abschnitt ab S. 65). Auch in den berauschenden Zubereitungen aus grönländischem Porst, die bei einigen arktischen Urvölkern zu Rauschzwecken konsumiert werden, finden sich diese Stoffe. Grayanotoxine können Schwindel, übermäßigen Speichelfluss, Schweißausbrüche, Durchfall, Magen-Darmkrämpfe, Übelkeit, Schwäche, niedrigen Blutdruck, Halluzinationen und Herzrhythmusstörungen, Lähmungserscheinungen, Bewusstlosigkeit bis hin zum Koma hervorrufen. Als wichtigster Stoff innerhalb dieser Gruppe gilt **Andromedotoxin.** Sehr hohe Dosierungen können sogar zum Tod führen.



Als Antidot bei Vergiftungen mit Grayanotoxinen wird in der Medizin Atropin angegeben. An dieser Stelle möchte ich aber ausdrücklich davon abraten, dass man sich im Fall einer Überdosierung selbst mit dem Konsum von Tollkirschen zu therapieren versucht. Die Gabe dieses Gegengiftes ist in der Medizin äußerst selten, da Vergiftungen in den meisten Fällen leicht verlaufen und symptomatisch behandelbar sind. Insbesondere bei Vergiftungen aufgrund des Konsums grayanotoxinhaltiger Genussmittel treten in der Regel nur leichte Symptomatiken auf, und eine tödliche Überdosierung allein durch solchen Konsum ist bisher nicht bekannt. Interessant ist, dass die Grayanotoxine eine starke insektizide Wirkung besitzen; es ist unklar, wie die Bienen diesen Nektar überhaupt sammeln können, ohne selbst Schaden zu nehmen.

Traditionelle Anwendungen berichten zudem vor allem von belebenden, berauschenden und aphrodisierenden Eigenschaften. Der Rausch soll am ehesten einem Alkoholrausch gleichen. In der türkischen Landbevölkerung ist *Deli bal* bis heute wohlbekannt und wird hoch geschätzt. Besonders die ältere Bevölkerung schwört auf die belebenden, verjüngenden und aphrodisierenden Kräfte des Honigs. Ebenso wird der Honig traditionell bei Krankheiten aller Art konsumiert, da er über starke Heilkräfte verfügen soll. Auch der Umgang mit diesem Honig, also die richtige Dosierung, ist allgemein bekannt, denn Überdosierungen und Vergiftungserscheinungen treten fast nur bei ausländischen Konsumenten auf. Die Rauschwirkung gleicht bei einer geringen Dosierungen dem des Alkohols. Der Honig enthemmt, regt an und entspannt. Größere Dosierungen lösen starke Glücksgefühle und Heiterkeit aus. Es breitet sich eine Wärme im Körper aus, besonders in der Genitalgegend. Bei noch größeren Dosierungen kommt eine Erschlaffung der Muskeln hinzu. Eine angenehme, von intensiven Tagträumen begleitete Müdigkeit tritt ein. Ganz hohe Dosierungen sollen halluzinogen wirken. Solche Effekte konnte ich bei Selbstversuchen bisher jedoch nicht feststellen.

Dieser besondere Honig ist in der Türkei sogar so allgegenwärtig, dass er es auf die Kinoleinwand geschafft hat. In dem türkischen Film *Bal – Honig,* der die Geschichte des jungen Yusuf erzählt, dessen Vater Imker ist, findet sich eine kurze beiläufige Erwähnung dieses Honigs, seiner Wirkung und den Pflanzen, aus denen er entsteht.



Es zeigt sich also, dass der verrückte Honig in niedrigen Dosierungen durchaus den Status eines genießbaren Rauschmittels einnimmt. Doch wie ist dieser Honig denn nun richtig zu dosieren? Diese Frage ist natürlich schwierig zu beantworten, wenn man bedenkt, dass gerade im Honig die Konzentration der Wirkstoffe noch mehr schwanken kann als in den Pflanzen selbst. Man weiß nie, von welcher Reinheit der Honig ist und welche andere Nektarquellen die Bienen gleichzeitig noch angeflogen haben. Es heißt, erfahrene Konsumenten können am Geschmack des Honigs seine Stärke erkennen und die Dosierung dann entsprechend anpassen. Da der verrückte Honig einen sehr eigenwilligen und bitteren Geschmack hat, ist dies durchaus denkbar. Als Faustregel wird jedoch eine Dosierung von 5 bis 30 Gramm angegeben. Dies entspricht etwa einem halben bis drei Teelöffeln voll. Es ist auf jeden Fall angeraten, bei einem Honig unbekannter Stärke oder generell bei erstmaligem Konsum mit einer niedrigen Dosierung zu beginnen. Eine halluzinogene Wirkung scheint sich aber erst bei wirklich hohen Dosierungen einzustellen, bei denen gleichzeitig mit starken Vergiftungserscheinungen zu rechnen ist. Solche Dosierungen sind daher nicht anzuraten. Auch in seiner traditionellen Anwendung wird der Honig nicht wegen seiner möglichen halluzinogenen Eigenschaften konsumiert. Möglich ist es, dass dieser Honig von den einheimischen Menschen schon zu vorislamischer Zeit in einem heidnischen Kontext genutzt wurde.

## *Lorbeerrosen*

Eine weitere Pflanzengattung, die einen psychoaktiven bis giftigen Honig hervorbringt, sind die **Lorbeerrosen** – besonders *Kalmia angustifolia,* die schmalblättrige Lorbeerrose, und *Kalmia latifolia,* der Berglorbeer, die beide in Nordamerika beheimatet sind. Diese *Kalmia-*Arten enthalten ebenso wie die berauschenden Rhododendron-Arten aus der Türkei Grayanotoxine als Wirkstoffe. Hinzu kommt bei den Lorbeerrosen allerdings eine große Menge **Arbutin,** ein Stoff, der unter anderem in den Blättern der Bärentraube vorkommt und dort für die antibakterielle Wirkung verantwortlich ist. Ebenso findet sich Arbutin in anderen berauschenden Pflanzen wie Porst, Damiana und Kaffee.

Der Berglorbeer ist die Staatspflanze der US-Bundesstaaten Pennsylvania und Connecticut. Beides sind Staaten, in denen diese Pflanze stark verbreitet ist. Berichte über Kalmia-Honig finden sich jedoch vorwiegend aus Pennsylvania. In seiner Wirkung ähnelt Kalmia-Honig dem Pontischen Honig; allerdings überwiegen hier offenbar die negativen Vergiftungserscheinungen gegenüber den berauschenden Aspekten. Warum dies so ist, ist bisher nicht genauer erforscht worden. Der Honig soll zudem äußerst bitter schmecken, so dass versehentliche Vergiftungsfälle die Ausnahme darstellen.

*Berglorbeer*

Es sei jedoch zu erwähnen, dass die Pflanze selbst von einigen nordamerikanischen Ureinwohnern traditionell genutzt wird. So verwenden beispielsweise die **Cherokee** die Blätter als Analgetikum und entkrampfendes Mittel. Ebenso schätzt man die desinfizierende und antibakterielle Wirkung dieser Pflanze. Auch wird die Pflanze aufgrund ihrer insektiziden Eigenschaften als Mittel gegen lästige Parasiten genutzt. Eine Verwendung des Honigs aus den Lorbeerrosen bei den nordamerikanischen Ureinwohnern ist nicht nachzuweisen, da die westliche Honigbiene *(Apis mellifera)* vor der Ankunft der Europäer dort nicht heimisch war. Staatenbildende Honigproduzenten fehlten auf dem nordamerikanischen Kontinent komplett. Es ist denkbar, dass solch ein Honig, wenn die Ureinwohner ihn gekannt hätten, ein wichtiges Mittel für Rituale und Zauberei in einem schamanischen Kontext hätte werden können.

## *Honigjagd in Nepal*

Aus Nepal stammt ein weiterer psychoaktiver Honig, der ebenfalls aus einer Rhododendronart gewonnen wird. Es handelt sich hier um Honig aus *Rhododendron lepidotum*. Dieser besondere Honig hat in der Kultur der indigenen Bevölkerung, dem Volk der **Gurung**, eine wichtige Stellung. Die Ernte des Honigs wird jährlich in einer gefährlichen Gruppenaktion, der **Honigjagd**, vollbracht. Die Stammpflanze selbst wird in Nepal als Räuchermittel genutzt; es ist unter der Bezeichnung **Sunpati** bekannt und auch in Deutschland im Räucherbedarfsladen erhältlich. Die weite Verbreitung des Rhododendron in Nepal hat ihn zu einem Wahrzeichen des Staates gemacht. Genau wie bei der Alpenrose ermöglicht es auch hier die hohe Lage, einen reinen Honig zu ernten, da so hoch oben nur wenige Pflanzenarten wachsen können. Zur Blütezeit der Rhododendron-Pflanzen erblühen ganze Berghänge ausschließlich mit den lilafarbenen Blüten.

Produziert wird der rotbraune, klare Honig von der in Nepal heimischen Kliffhonigbiene *(Apis laboriosa)*. Anders als ihre westlichen Verwandten bauen diese Bienen ihre gigantischen Waben, die einen Durchmesser von bis zu drei Metern haben können, nicht in Baumhöhlen, sondern an Felsvorsprüngen. Es handelt sich bei dieser Bienenart um die größte aller Honigbienen. Eine Arbeiterbiene hat etwa die Größe einer Hornisse.

*Rhododendron lepidotum*

Bei der Honigjagd macht sich eine Gruppe Männer auf, um an den Felswänden den kostbaren Honig zu ernten. Diese Aktion dauert mehrere Tage. Es ist eine traditionelle Männerarbeit. Um an die Waben zu kommen, bauen die Männer lange Strickleitern, die für jede Jagd neu direkt vor Ort und Stelle aus Lianen und Ästen gefertigt werden. Ebenso verwenden sie Körbe, die an langen Seilen befestigt sind, sowie ein an einem langen Stock befestigtes Messer. Wenn die Männer an einer Felswand die Bienen ausgemacht haben, gehen einige von ihnen nach oben an die Felswand. Nun wird die lange Leiter hinuntergelassen, um die Waben der Bienen zu erreichen. Die Felswände können mehrere hundert Meter hoch sein. Wer hier abstürzt, überlebt das nicht.



Die unten verbleibenden Männer entzünden ein Feuer, dessen qualmender Rauch zu den Bienen hinaufsteigt. Einer der Männer klettert nun an der Leiter hinab, bis er eine der Bienenwaben erreicht hat. In seinen Händen hält er das Stockmesser. Mit seinen Füßen manövriert er den Korb, der von oben an einem Seil heruntergelassen wird, unter die Waben und schneidet dann die Teile der Waben ab, in denen sich Honig befindet. Aber auch Wabenteile mit Bienenbrut werden geerntet. Wenn ein Korb gefüllt ist, wird er entweder nach oben gezogen oder hinuntergelassen, wo der Rest der Truppe den Honig entnimmt. Während der Ernte beginnt es für die Menschen unter dem Mann auf der Leiter Honig zu regnen. Sobald die erste Wabe angeschnitten ist, tropft der Honig aus den vielen zerstörten Wabenzellen heraus und fällt in die Tiefe. Auch diese süßen Tropfen werden von den Männern am Boden mit aufgefangen, soweit es ihnen möglich ist. Man könnte nun meinen, dass der Mensch auf der Leiter die gefährlichste

*Honigjäger bei der Arbeit*

Aufgabe hat und deshalb auch am meisten Honig bekommt. Doch die Honigjagd ist bei den Gurung eine gemeinschaftliche Errungenschaft. Jeder Honigjäger erfüllt eine wichtige Aufgabe, ohne die die ganze Ernte nicht möglich wäre. Jeder ist gleichberechtigt.

So wird auch der geerntete Honig zu gleichen Teilen unter der Gruppe aufgeteilt. Einen kleinen Teil des Honigs konsumieren die Jäger gleich nach der Ernte. Den größten Teil bringen sie jedoch zurück in ihr Dorf.

Die Gurung verwenden den Honig traditionell nicht als Rauschmittel, sondern nutzen ihn in geringen Dosierungen als Medizin. Er ist ein wirksames Mittel gegen Altersbeschwerden und Schmerzen. Auch wirkt er energetisierend und anregend. Ein großer Teil der Ernte wird verkauft und verschafft den armen Bauern ein winziges Einkommen. Abnehmer sind vor allem Händler, die den Honig nach China weiterverkaufen, wo er schon seit Jahrhunderten als Aphrodisiakum genutzt wird. Auch die Brutwaben werden von den Gurung genutzt; sie pressen die Waben mit den Händen aus. So entsteht ein eiweißhaltiger weißer Saft, der in Speisen verkocht wird.

Nicht-medizinische Dosierungen wirken zunächst ähnlich wie Alkohol. Es entfaltet sich bald eine Heiterkeit, die sich in Lachanfällen äußert. Auch opiumähnliche Effekte von tiefer Glückseligkeit treten auf. Wer viel von dem Honig isst, liegt irgendwann regungslos am Boden. Auch Wahrnehmungsveränderungen bis hin zu Halluzinationen können auftreten. Gelegentlich wird von starker Übelkeit berichtet. Mancher muss sich übergeben. Wirkungsverlauf und Wirkdauer sind ähnlich wie beim Honig aus *Rhododendron ponticum.*

Die uralte Tradition wandelt sich. Nachdem es lange Zeit an Nachwuchs gemangelt hatte, machen sich mittlerweile immer mehr junge Menschen auf, um das alte Ritual der Jagd auf den berauschenden Honig wiederzubeleben. Vielen geht es dabei aber nicht darum, die alten Traditionen zu bewahren, sondern vielmehr um den Adrenalinkick und den Gebrauch des Honigs zu Rauschzwecken. Die einst stark am Gleichgewicht mit der Natur orientierte Honigjagd, bei der immer nur so viel Honig geerntet wurde, dass genügend Bienenvölker überleben, um eine nachhaltige Bienenpopulation zu erhalten, verwandelt sich in Ausbeutung und einen rücksichtslosen Umgang mit den Tieren und den natürlichen Ressourcen im Himalaya. Es wäre nicht verwunderlich, wenn der Bestand der Riesenhonigbiene in nicht allzu ferner Zukunft gefährdet wäre.



Immer mehr westliche Besucher kommen nach Nepal, um die Honigjagd als Abenteuer selber mitzuerleben. Auf Märkten in den großen Städten des Landes bekommt man als Tourist an allen Ecken vermeintlichen Zauberhonig angeboten, teils zu enormen Preisen. Nicht selten handelt es sich dabei aber um stark verdünnte Honige, die auch in großen Mengen kaum eine Wirkung haben, oder gar um ganz andere Honige. Der echte Rhododendronhonig ist für Besucher nur über gute Kontakte zu bekommen. Die touristische Vermarktung dieses uralten Heiligtums ist so fortgeschritten, dass es der Honig aus Nepal sogar ins deutsche Fernsehen geschafft hat: In der Fernsehsendung *Joko gegen Klass – das Duell um die Welt* wurden die Ernte und der Konsum des Honigs als Mutprobe zum Entertainment für westliche Fernsehfans.

### *Alpenrosen*

Aus der Alpenregion stammt ein Honig, der ebenfalls aus einer Rhododendron-Art gewonnen wird. Hier wächst hoch in den Bergen die Rostblättrige Alpenrose. Der Honig hat eine helle Farbe mit einer gelblichen Note. Der Geschmack ist mild und blumig. Bei der lokalen Bevölkerung wird die Pflanze auch Almrausch genannt. Botanisch handelt es sich um *Rhododendron ferrugineum*. Allein die Bezeichnung Almrausch lässt schon auf die Wirksamkeit und die traditionelle Anwendung der Pflanzenart schließen. Es sind hier die gleichen Wirkstoffe wie bei *Rhododendron ponticum* am Werk, in erster Linie **Andromedotoxin,** das zur Gruppe der Grayanotoxine gehört. Die Symptome beim Konsum dieser Pflanze sind ebenfalls Speichelfluss, Übelkeit, Erregungszustände, Delirium und Herzrhythmusstörungen. Da sich die Wirkstoffe auch bei dieser Rhododendronart im Nektar finden, kann ein psychoaktiver Honig entstehen.



Die Alpenrose wächst nicht ausschließlich in den Alpen; jedoch ist lediglich in hohen Lagen das Ernten eines entsprechenden Honigs möglich. Dies liegt daran, dass die Pflanzenvielfalt mit zunehmender Höhe abnimmt und so eine Verunreinigung des Honigs durch andere Trachtpflanzen zur Blütezeit immer mehr ausgeschlossen ist. Hinzu kommt, dass die Alpenrose im Alpenraum stark verbreitet ist, so dass zur Blütezeit eine schier unendliche Fülle an lilafarbenen Blüten für die Bienen bereitsteht. Im Gegensatz zu dem Honig aus *Rhododendron ponticum* scheint hier die Wirkstoffkonzentration im Nektar aber insgesamt geringer zu sein. Der Honig der Alpenrose wird von der lokalen Landbevölkerung gleichermaßen als Medizin betrachtet. Eine berauschende Wirkung tritt bei normalen Konsummengen aber nicht auf. Der Honig wird im Alpenraum als allgemein stärkendes Tonikum verwendet. Auch über eine aphrodisierende Wirkung wird berichtet. Eigene Tests mit diesem Honig zeigen, dass erste spürbare Effekte, die denen des Pontischen Honigs gleichen, erst bei Dosierungen ab circa 100 bis 200 Gramm auftreten. Berichte über Vergiftungen mit diesem Honig sind mir nicht bekannt. Dies liegt vermutlich daran, dass die versehentliche Aufnahme einer Wirkstoffmenge, die zu Vergiftungserscheinungen führt, beim regulären Konsum des Honigs zu Genusszwecken nicht erreicht wird. Die Pflanze selbst ist stark giftig. Es reichen hier bereits sehr geringe Mengen aus, um Vergiftungserscheinungen auszulösen. In der Literatur werden Mengen von ein bis zwei Blättern als ausreichend für eine starke Vergiftung bei einem Erwachsenen beschrieben. Beim Konsum der Pflanze überwiegen die negativen Vergiftungssymptome gegenüber den möglichen Rauscherfahrungen. Der Honig selbst ist aber sehr verträglich. Die Pflanze enthält daher noch weitere Inhaltsstoffe, die nicht in den Nektar gelangen und für die Giftwirkung mitverantwortlich sind.

## *Tollkirsche, Stechapfel, Engelstrompete und Bilsenkraut*

Die tropanalkaloidhaltigen Vertreter der **Nachtschattengewächse** produzieren ebenfalls einen psychoaktiven Nektar. Je nach Stammpflanze können so die Wirkstoffe Atropin, Scopolamin und Hyoscyamin in den Honig gelangen. Berichte aus dem 19. Jahrhundert aus dem Süden der USA beschreiben Vergiftungsfälle mit Honig aus diesen Pflanzen. Es scheint also möglich zu sein, einen solchen Nachtschattenhonig auf natürliche Weise ernten zu können – oder zumindest war es früher möglich.



Da in der modernen Zeit keine Berichte mehr über solch einen Honig zu finden sind, ist davon auszugehen, dass die erforderlichen Vegetationsbedingungen in der freien Natur mittlerweile fehlen. Es gibt aber dennoch Hoffnung: Zumindest die Tollkirsche *(Atropa belladonna)* wird zu medizinischen Zwecken in großen Monokulturen angebaut. Es ist also möglich, diese Felder mit den Bienen anzuwandern und so einen sehr reinen **Tollkirschenhonig** ernten zu können. Der Hauptwirkstoff der Tollkirschen ist **Atropin.** Die Wirkungen von Atropin aus der Tollkirsche, Scopolamin aus Stechapfel (*Datura* ssp.) und Engelstrompete (*Brugmansia* ssp.) sowie Hyoscyamin aus Bilsenkraut (*Hyoscyamus* ssp.) ähneln sich stark; die nachfolgende Beschreibung gilt also für alle drei gleichermaßen.

In geringen Dosierungen wirken diese Stoffe anregend. Die Pupillen erweitern sich. Blutdruck und Herzfrequenz erhöhen sich. Man fühlt sich energetisiert. Die Stoffe unterdrücken den Hustenreiz. Auch eine aphrodisierende Wirkung ist bekannt. Bei größeren Dosierungen beginnen die Schleimhäute auszutrocknen. Ein trockener Mund, der sich mit keinem Getränk der Welt wieder befeuchten lässt, ist die Folge. Am unangenehmsten ist das Austrocknen der Augenlider, was dazu führt, dass sich Blinzeln anfühlt, als hätte man Sandpapier in den Augen.

In noch höheren Dosierungen kommen echte Halluzinationen hinzu. Im Gegensatz zu den Wahrnehmungsveränderungen durch andere psychedelische Substanzen, bei denen der Konsument weiß, dass es sich bei seinen Wahrnehmungen um Halluzinationen handelt, sind Wahrnehmungen im Nachtschattenrausch nicht von der Realität zu unterscheiden. Es ist eine lähmende und stark sedierende Wirkung zu beobachten, die in einem Koma resultieren kann. Ganz hohe Dosierungen führen zum Tod durch Atemlähmung. In der traditionellen Anwendung werden die Pflanzen wegen ihrer Hustenreiz unterdrückenden Wirkung und den aphrodisierenden Eigenschaften genutzt. In Südamerika werden Stechapfel und Engelstrompete aber auch dem visionären Ayahuasca zugegeben.

Auch bei einem Honig aus Nachtschattengewächsen sollte man eine geringe Dosierung nicht überschreiten, um keine unerwünschten Effekte erleben zu müssen. Versuche mit Dosierungen, die über diese erste Stufe an Wirksamkeit hinausgehen, scheinen aufgrund der Nebenwirkungen nicht erstrebenswert. Auch wenn dieser Honig halluzinogene Eigenschaften aufweist, macht die schwierige Dosierung einen solchen Gebrauch zumindest für rekreative Rauschzwecke uninteressant.

### *Tabakblütenhonig*

Es gibt sie doch, die psychoaktive Pflanze, die in großen Monokulturen angebaut wird, in ihrem Nektar ihre berauschenden Stoffe bereithält und von Bienen besucht wird: Die Rede ist von Tabak. In vielen Teilen der Welt wird Tabak *(Nicotiana tabacum)* großflächig angebaut, und als typisches Nachtschattengewächs zählt die Tabakblüte zu einer sehr beliebten Bienentracht. Als mir diese Erkenntnis kam, suchte ich natürlich sofort einen Imker, von dem ich Tabakblütenhonig bekommen konnte. Bei einer Pflanze, die so verbreitet im Anbau ist, sollte so ein Honig leicht zu beziehen sein, dachte ich, auch wenn ich mir von der berauschenden Fähigkeit des Honigs nicht allzu viel versprach.

Leider gestaltete sich das Unterfangen schwieriger als gedacht. Denn obwohl ich viele Imker fand, die tatsächlich mit ihren Bienen Tabakfelder anwanderten, hatte keiner den begehrten Tabakblütenhonig für mich. Waren meine Überlegungen zum Tabak falsch? Gibt es etwa doch keinen Honig von dieser Pflanze? Doch, den gibt es, so meine weiteren Recherchen, aber er wird von den meisten Imkern nicht geerntet. Man sagte mir, dass der Honig aus dem Nektar der Tabakpflanzen so scheußlich schmecke, dass es sich für die Imker nicht lohne, diesen zu ernten, weil er aufgrund des Geschmacks nicht vermarktet werden könnte. Aha. Das klang interessant. Jetzt hatte ich ein noch größeres Verlangen, diesen Honig zu kosten.



Endlich fand ich dann einen Imker, von dem ich ein paar Gläser des kostbaren Honigs für meine Studien bekommen konnte. Mit großen Erwartungen (an die Scheußlichkeit des Geschmacks, weniger an die Wirkung) probierte ich den Honig. Was soll ich sagen? Ich war doch ein wenig enttäuscht, als der erste Löffel des goldbraunen flüssigen Honigs meine Zunge berührte. Gemäß den Beschreibungen hatte ich einen sehr unangenehmen Geschmack erwartet. Der Honig war jedoch erstaunlich lecker. Zugegeben, er hatte schon einen leicht ungewöhnlichen Beigeschmack, aber insgesamt war er doch honigtypisch. Da gibt es andere Honigsorten, die ich als viel unappetitlicher einstufen würde. Zum Beispiel den fast schwarzen Buchweizenhonig, der in meiner Wahrnehmung nach nassem Hund riecht und nach rostiger Eisenstange schmeckt, insbesondere in Osteuropa jedoch als Delikatesse geschätzt wird. Etwas enttäuscht führte ich meine Versuche mit dem Tabakblütenhonig weiter, nachdem ich mich versichert hatte, dass der Honig, den ich erhalten hatte, auch wirklich Tabakblütenhonig war.

Auch wenn Tabak gemeinhin bei uns nicht als Rauschmittel klassifiziert wird, so ist das in der Tabakpflanze enthaltene Nikotin dennoch eine stark wirksame Substanz, die insbesondere bei unregelmäßigen Nutzern eine psychoaktive Wirkung hat. Der sogenannte Nikotinflash ist nicht vergleichbar mit der halluzinogenen Wirkung von anderen berauschenden Stoffen. Dennoch ist gerade die Tabakpflanze in Hinblick auf ihren Honig sehr interessant. Nikotin ist ein natürliches Insektizid; Insektizide sind Stoffe, die eine abtötende oder vertreibende Wirkung auf Insekten haben. Die Pflanzen bilden sie, um sich vor Fraßfeinden zu schützen. Es ist also nachvollziehbar, dass die Tabakpflanze in ihren Blättern solche Wirkstoffe enthält. Weniger verständlich ist es, dass diese auch im Nektar der Pflanze zu finden sind. Mit ihren Blüten lockt die Pflanze verschiedene Insekten an, um eine erfolgreiche Bestäubung zu gewährleisten. Der bereitgestellte Nektar ist der Lohn, den die Tiere hierfür bekommen. Ist es da nicht unlogisch, diesen Nektar zu vergiften? Dennoch findet sich im Nektar der Tabakblüte Nikotin.



Ist die Tabakpflanze also eigentlich ein pflanzlicher Psychopath, der unschuldige Bienen und andere Insekten mit seinen Blüten ins Verderben lockt, um seine eigene Vermehrung zu sichern, und sie dann nach dem erzwungenen Liebesakt mit einem Giftcocktail ermordet? Da er zu den Nachtschattengewächsen gehört, wäre dies beim Tabak keine ganz abwegige Vorstellung, gibt es doch in dieser Gattung diverse hochgiftige Gewächse, die betörend verlockende Früchte tragen und schon den einen oder anderen Menschen ins tödliche Verderben gelockt haben. So spannend die Idee auch ist, sie entspricht nicht der Realität. Keine Biene stirbt, wenn sie Tabakblütennektar sammelt. Was es damit auf sich hat, ist nicht weniger interessant.

Nikotin ist für die Biene tödlich giftig. Es kommt aber auch hier auf die Dosierung an; nicht jede kleinste Menge des Stoffes wirkt direkt tödlich auf die Bienen. In der Tat können die Bienen sogar geringe Dosen des Giftes unbeschadet überstehen. Der Wirkstoffgehalt im Nektar der Tabakblüten darf also eine bestimmte Höchstmenge nicht überschreiten. Die Bienen sind sehr gut darin, selbst zu erkennen, wie viel Tabakblütennektar sie aufnehmen können, ohne sich selbst zu vergiften. In der Regel nehmen sie dabei pro Anflug viel weniger Nektar auf als an anderen Blüten. Für die Tabakpflanze bedeutet dies, dass sie weniger Nektar produzieren muss und gleichzeitig öfter von den Bienen besucht wird. Dies resultiert in einer besseren Bestäubungsleistung. Es ist für die Tabakpflanze also ein Vorteil, Nikotin im Nektar zu haben. Doch was hat die Biene davon? Warum fliegt sie den Tabak überhaupt an, wenn sie weiß, dass sie nur eine kleine Menge Nektar sammeln darf? Warum verschwendet sie so viel Energie für eine so wenig lohnende Blütentracht? Es scheint, als wäre es das Nikotin selbst, auf das die Bienen abzielen. Beobachtungen von Bienen an Tabakblüten zeigen ein wildes Treiben; die Bienen scheinen ganz aufgekratzt und aktiv, wenn sie von dem Nektar kosten. Ist es ein Rausch, den die Bienen erleben? Fliegen sie die Tabakblüte gezielt an, um sich am für sie giftigen Nektar zu berauschen? Wenn ja, dann haben die Bienen zumindest ein sehr gutes Verständnis für Dosis, Set und Setting. Sie wissen genau, welche Menge sie konsumieren müssen. Auch das Setting könnte idealer nicht sein: ein Drogenrausch im Blütenmeer an einem schönen Sonnentag (denn bei Regen fliegen die Bienen ja nicht).



Auch wenn es sich um kleine Insekten mit einem winzigen, primitiven Gehirn handelt, ganz abwegig ist die Vorstellung von einer Rauschwirkung bei den Bienen nicht. Die modernen **Neonikotinoide** (synthetische Nikotinderivate), die in der Landwirtschaft als Insektizide eingesetzt werden, haben bei den Bienen eine sehr interessante Wirkung. Sie wirken bei Kontakt nicht direkt tödlich (daher sind sie offiziell auch nicht bienengefährlich). Sie sorgen jedoch dafür, dass die Bienen ihr Erinnerungsvermögen und ihre Orientierung verlieren. Vergiftete Bienen finden nicht mehr in ihren Bienenstock zurück. So ist durchaus anzunehmen, dass das Nikotin eine Wirkung im Bienengehirn zeigt, die vielleicht sogar angenehm für die Bienen selbst ist und dabei wichtige Funktionen nicht beeinträchtigt.

Eine Wirkung erzielt der Tabakblütenhonig zumindest bei Nichtrauchern in einer Dosierung ab 50 Gramm. Hier beginnen die typischen Effekte eines Nikotinflashs. Die Herzfrequenz und der Puls steigen, man fühlt sich stark energetisiert, Schwindel und Übelkeit treten auf. Für mich persönlich ist die Wirkung von Nikotin und somit auch die des Honigs eine unangenehme Erfahrung. Da es aber zahlreiche Menschen gibt, die dem Tabak verfallen sind, kann ich mir gut vorstellen, dass sich auch für Tabakhonig Liebhaber finden ließen. Eine entsprechende Wirksamkeit ist definitiv vorhanden. Für Menschen, die das Rauchen aufgeben wollen, könnte dieser Honig vielleicht ja sogar eine hilfreiche Alternative zu den in der Apotheke erhältlichen Nikotinpflastern darstellen.



### *Der neuseeländische Tutubaum*

Ein weiterer psychoaktiver Honig ist der neuseeländische **Tutubaum-Honig** – der bisher einzige bekannte psychoaktive Honig, der nicht aus dem Nektar einer Pflanze gewonnen wird, sondern aus dem Honigtau an einer giftigen Pflanze. Die Bienen sammeln in diesem Fall die Pflanzenstoffe nicht direkt von der Pflanze selbst, sondern sie bedienen sich an den süßlichen Ausscheidungen von kleinen Insekten, die sich von den Pflanzensäften des Tutubaumes ernähren. So gelangen die berauschenden Wirkstoffe des Tutubaumes über Umwege in den Honig.

Der Tutubaum *(Coriaria arborea)* ist ein in Neuseeland endemisches Gewächs. Diese dort sehr häufige Pflanze kann sowohl in Strauch- als auch in Baumform vorkommen. Die Hauptwirkstoffe in der Tutupflanze sind **Tutin** und **Hyenanchin.** Diese Wirkstoffe finden sich in allen Pflanzenteilen außer im Saft der Früchte. Die **Maori** nutzen den abgepressten Fruchtsaft als Süßungsmittel. Zu diesem Zweck bauen sie spezielle Siebe, mit denen sämtliche Samen aus den Früchten herausgesiebt werden, da diese ebenfalls große Mengen der Wirkstoffe enthalten. Vergiftungen durch den Konsum der Pflanze sind nicht selten.

Eine Spitzkopfzikadenart *(Scolypopa australis)* ernährt sich von den Pflanzensäften des Tutubaums. Hierbei nimmt sie die wirksamen Stoffe aus der Pflanze auf, die sie jedoch unverändert wieder aussscheidet. Die süßen, zuckerhaltigen Ausscheidungen der Zikaden überziehen die Äste des Tutubaumes mit einer klebrigen Schicht aus stark wirkstoffhaltigem Honigtau. Dies lockt Bienen an, die den Honigtau sammeln und Honig daraus machen. So entsteht ein tutin- und hyenanchinhaltiger Honigtau-Honig.

Es gibt zahlreiche Berichte über Vergiftungen durch solchen Honig. Besonders häufen sie sich in Zeiten großer Trockenheit. Dies ist damit zu erklären, dass die Pflanzen genügend Wasser brauchen, um Nektar zu produzieren. In Zeiten, in denen das Wasser knapp ist, wird die Nektarproduktion eingestellt. Die blühenden Pflanzen bieten nun keine Nahrung mehr für die bestäubenden Insekten. Die Bienen sammeln dann vermehrt den Honigtau, der von den Insekten ausgeschieden wird und auch bei Trockenheit in großer Menge vorhanden ist, da die pflanzensaftsaugenden Insekten die Pflanzen ja direkt an ihren Leitungsbahnen anzapfen. Vergiftungsfälle hat es sogar so häufig gegeben, dass die neuseeländische Regierung ein Gesetz erlassen hat, dass Imker ihren Honig nur noch in den Verkehr bringen dürfen, wenn er nachweislich frei von den giftigen Wirkstoffen ist. Der Tutubaum-Honig darf von den Imkern nur zur Fütterung ihrer Bienen verwendet werden.

Wie wirkt nun der Tutubaum-Honig, der für so viel Aufsehen sorgt? Handelt es sich um einen rein giftigen Honig, bei dem eine Verwendung als Rauschmittel nicht sinnvoll erscheint, oder kommt es auch hier wieder auf die Dosierung an? In Bezug auf die Symptome bei Vergiftungsfällen ist von Krämpfen, heftigen Krampfanfällen, Delirium, Ohnmachtsanfällen und Koma die Rede. Die Symptome können häufig über Tage und Wochen immer wiederkehrend auftreten. Die meisten Patienten berichten zudem von einem Gedächtnisverlust, den Zeitraum der Giftwirkung betreffend. Viele erinnern sich nur sehr nebulös an die Zeit der Wirkung. Der Zustand wird als traumartig und nicht von dieser Welt beschrieben. Teile der Erinnerung fehlen ganz. Ein Mann verlor sogar nach einer Vergiftung mit Tutubaumhonig ein Jahr lang seinen Führerschein, da er aufgrund der wiederkehrenden Anfälle nicht mehr fahrtüchtig war.

Ohnmachtsanfälle, Koma und Krämpfe klingen nicht nach einer erstrebenswerten Wirkung. Eine traumartige, nebulöse Wahrnehmung und ein Delirium hingegen könnten, sofern sie bewusst herbeigeführt werden, schon eher als positive Erfahrung gelten. Die Dosierung scheint hier aber eine sehr wichtige Rolle zu spielen. Da Vergiftungen mit den Pflanzenteilen tödlich enden können, ist davon auszugehen, dass der Honig in zu großen Mengen ebenfalls eine solche Wirkung zeigt. Auch die negativen Effekte bei einer starken Vergiftung sind bei einer Verwendung als Psychoaktivum unerwünscht. Es gilt daher zu erforschen, ob die positiven Effekte bei der bewussten Einnahme einer geringen Dosis des Honigs überwiegen. Über einen traditionellen Gebrauch durch die Maori ist leider nichts bekannt.



Da Tutubaumhonig aufgrund der gesetzlichen Regelungen in Neuseeland nicht verkehrsfähig ist, ist es sehr schwierig, solch einen Honig zu beziehen, wenn man nicht über direkte Kontakte zu den einheimischen Imkern verfügt. Da die Verwendung als Rauschmittel zumindest nicht verbreitet ist, ist dieser Honig im Gegensatz zu anderen illegalisierten Substanzen nicht auf dem Schwarzmarkt zu bekommen.

### *Lavendelblütenhonig*

Diese Honigsorte ist weniger für ihre berauschende Wirkung als vielmehr für ihren Wohlgeschmack bekannt. Besonders in den weiten Lavendelfeldern in Frankreich kann man diesen leckeren Honig ernten. Er ist von weißer Farbe mit einer gräulichen Note. Sowohl sein Duft als auch der Geschmack spiegeln das typische Lavendelaroma wider. Als Delikatesse hat der **Lavendelhonig** eine sehr große Verbreitung gefunden und ist hierzulande kein seltenes Gut. Es ist daher verwunderlich, anzunehmen, dass dieser Honig eine berauschende Wirkung besitzt. Man kann sich kaum vorstellen, dass ein Honig mit einem solchen Potenzial bei uns eine breite Verwendung als normales Lebensmittel finden würde. Doch dies stimmt nur zum Teil.

Lavendelhonig gehört mit Sicherheit nicht zu den stark wirksamen Psychoaktiva und ist in der Wirkung nicht vergleichbar mit Pontischem Honig. Dennoch ist dem Lavendel (*Lavandula* ssp.) eine leichte Wirkung auf unseren Geist nicht abzusprechen. In der Pflanzenheilkunde wird er als Beruhigungsmittel eingesetzt. Die Blüten als Tee aufgebrüht oder auch die reinen ätherischen Öle haben eine leicht sedierende und angstlösende Wirkung. Diesen Effekt nutzt man gerne als sanfte Medizin bei Babys und Kleinkindern. Und in der Tat weist auch der Honig aus dem Nektar der Lavendelblüten sedierende und angstlösende Eigenschaften auf. Es handelt sich beim Lavendelblütenhonig also durchaus um ein mild wirksames psychoaktives Mittel.



### *Teeblütenhonig*

Auch die Teepflanze *Camellia sinensis,* die als fermentierte Pflanzendroge die ganze Welt erobert hat, produziert einen leicht psychoaktiven Honig. Der Hauptwirkstoff im Tee ist Koffein. Anders als beim Kaffeeblütenhonig (der als Delikatesse ebenfalls zu erwerben ist) enthält der Nektar in den Blüten der Teepflanzen Koffein. Warum sich dieses bei der Teepflanze im Nektar findet und bei der Kaffeepflanze nicht, ist bisher nicht geklärt. Fakt

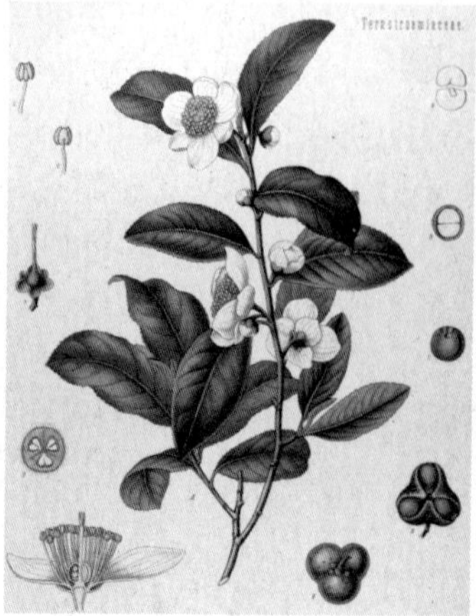

*Camellia sinensis*

ist, dass die Bienen von der Teepflanze einen koffeinhaltigen Nektar sammeln. Auch Theanin findet sich im Nektar. Da Tee in großen Monokulturen angebaut wird, ist das Ernten eines reinen Honigs theoretisch möglich. Dennoch ist Teeblütenhonig eine Rarität. Dies liegt vor allem daran, dass die meisten Teefelder bereits vor der Blüte abgeerntet werden. Diese Felder sind für die Bienen gänzlich uninteressant. In China finden sich jedoch hier und da einige Händler, die Teeblütenhonig im Programm haben. Ursprung und Qualität dieser Produkte sind sehr zweifelhaft; viele sind mit Zusatzstoffen versehen und entsprechen nicht unserem westlichen Verständnis von einem echten Honig. Reiner Teeblütenhonig hat eine hellbraune Farbe und kristallisiert grob aus.



In der Tat war dann auch nicht China – wie man hätte erwarten können – das Land, in dem ich fündig wurde, sondern Australien. Dort entdeckte ich eine kleine Teefarm, die den Tee nach Biostandards in kleinbäuerlicher Handarbeit anbaut und eine hauseigene Imkerei pflegt. Als besonderen Genuss für ihre Kunden bietet die Farm jedes Jahr eine kleine Menge Teeblütenhonig im Direktverkauf an.

Als Tee zubereitet hat die Pflanze mild anregende und stimulierende Wirkung, wird gleichzeitig aber auch als leicht beruhigendes Mittel getrunken. Aus China hingegen ist die Zubereitung eines Teeextrakts bekannt, der eine äußerst stark stimulierende Wirkung zeigt. Ein Forscherteam aus Japan hat Teeblütennektar, den daraus hergestellten Honig und die Wirkungen auf die Bienen untersucht. Dort wird angegeben, dass der Nektar bis zu 0,023 Milligramm Koffein pro Milliliter Honig enthält. Der Honig, der ja eigentlich ein stark eingedickter Extrakt aus dem Nektar ist, wies im Test jedoch keine höheren Koffeinmengen auf. Die Tests zeigten niedrigere Werte. Hier werden Werte von 0,00657 Milligramm Koffein pro Milliliter Honig angegeben. Dies kann damit erklärt werden, dass der untersuchte Honig sehr wahrscheinlich kein hundertprozentig reiner Teeblütenhonig war, sondern durch anderen Nektareintrag verunreinigt wurde. Interessanterweise enthält auch der von den Bienen an der Teeblüte gesammelte Pollen Koffein. Hier werden die Werte mit bis zu 0,345 Milligramm pro Gramm angegeben. Kaffee enthält circa 40 Milligramm Koffein pro 100 Milliliter. Für eine Koffeinwirkung, die einer kleinen Tasse mildem Kaffee gleicht, müssten also mindestens 40 Milligramm Koffein aufgenommen werden. Rechnet man nun die Werte der Forschungsergebnisse hoch, kommt man für eine mit einer Tasse Kaffee vergleichbare Wirkung auf eine Menge von ungefähr 12 200 Milliliter Teeblütenhonig. Das sind circa 17,08 Kilogramm Honig – für eine psychoaktive Wirkung durch Honigkonsum eine unerreichbare Menge.

Außer Honig ist auch Blütenpollen ein beliebtes Bienenprodukt. In China ist gelegentlich reiner Teeblütenpollen auf dem Markt. Da Pollen auch zu Konsumzwecken verwendet wird, schauen wir uns einmal an, welche Mengen man von diesem Stoff zu sich nehmen müsste, um eine Koffeinwirkung zu spüren. Mit den oben angegebenen Koffeinwerten im Pollen kommt man für eine mit einer Tasse Kaffee vergleichbare Dosis auf circa 116 Gramm Blütenpollen. Diese Menge entspricht etwa einem Becher (200 Milliliter) voll. Man kann also statt der morgendlichen Tasse Kaffee auch einfach einen Becher Teeblütenpollen zu sich nehmen. Wie praktikabel das ist, darüber lässt sich streiten. Jedenfalls wird es ein teures Vergnügen. 100 Gramm Teeblütenpollen kosten etwa 15 bis 20 Euro.



Neben Koffein enthält die Teepflanze auch den Wirkstoff **Theanin** (L-Theanin; 5-N-Ethyl-L-glutamin), eine Aminosäure, die für die stressreduzierende Wirkung des Tees verantwortlich gemacht wird. Forschungen zeigten eine deutliche Wirksamkeit bei einer Aufnahme von 200 Milligramm Theanin. Theanin wirkt dabei entspannend, macht aber nicht müde. Auch eine angstlösende Wirkung konnte bei der oralen Aufnahme von Theanin festgestellt werden.

Theanin ist auch im Nektar der Teepflanze enthalten, sogar in viel größeren Mengen als Koffein. Das japanische Forscherteam gibt den Theaningehalt im Nektar mit bis zu 0,099 Milligramm pro Milliliter und im Honig mit bis zu 0,0747 Milligramm pro Milliliter an. Auch hier ist der Gehalt im Honig wieder geringer als im Nektar. Bei einer gewünschten Dosierung von 200 Milligramm Theanin kommen wir auf eine Menge von circa 2670 Millilitern Honig, der konsumiert werden müsste. Diese Menge (circa 3,738 Kilogramm Honig) ist schon ein wenig vielversprechender, wenn auch sehr hoch. Wenn man davon ausgeht, das der Wirkstoffgehalt im Honig je nach Reinheit des eingetragenen Nektars stark schwanken kann, ist es denkbar, einen Honig mit einem signifikant höheren Theaningehalt ernten zu können. Geht man vom rechnerischen Optimum aus (der Nektar wird auf etwa ein Viertel seiner Menge eingedickt) ist ein Honig mit einem Theaningehalt von bis zu 0,396 Milligramm pro Milliliter denkbar. Bei solch einem Honig sinkt die zu konsumierende Menge auf ungefähr 505 Milliliter (circa 707 Gramm). Dies ist eine Dosierung, die zumindest im Bereich einer möglichen Konsummenge liegt. Manche Quellen geben an, dass Theanin bereits ab 80 bis 100 Milligramm eine Wirkung zeigt. So würde sich die zu konsumierende Honigmenge auf circa 200 Gramm verringern.



Es zeigt sich, dass Teeblütenhonig in der Tat eine zumindest theoretische psychoaktive Wirkung besitzt. Diese ist jedoch anders als erwartet keine anregende, stimulierende, sondern eine beruhigende und entspannende. Der Koffeingehalt im Nektar der Teepflanze und auch im Honig ist für die Wirkung nicht relevant. Aufgrund der Seltenheit des Teeblütenhonigs waren ausführliche Selbstversuche bisher nicht möglich.

Theanin wird zu medizinischen Zwecken und als Nahrungsergänzungsmittel jedoch meist in geringen Dosierungen über einen längeren Zeitraum eingenommen. Auch hierbei treten die beschriebenen Effekte auf. So konnte sogar eine Linderung der Symptome bei Schizophrenie durch die längerfristige Gabe von Theanin nachgewiesen werden. Möglicherweise ist Teeblütenhonig eine interessante Alternative zu den synthetischen Reinstoffen.

Da auch Koffein eine insektizide Wirkung aufweist, mutet es auch hier zunächst seltsam an, dass der Nektar diesen Stoff überhaupt enthält. Die Untersuchungen der japanischen Forscher zeigten jedoch auf, dass geringe Dosierungen an Koffein eine positive Wirkung auf das Langzeitgedächtnis der Bienen haben. Die Tiere können sich so besser an die Standorte der Teepflanzen als Nahrungsquelle erinnern, was dazu führt, dass die Blüten häufiger besucht werden. Lediglich auf die Bienenbrut zeigte der Teeblütennektar eine negative Wirkung. Erwachsene Bienen scheinen den Wirkstoff deutlich besser zu vertragen. Da die Larven der Bienen mit Perga und nicht mit Nektar gefüttert werden, ist es aber kein Problem, wenn die Bienen so einen Nektar eintragen.

## *Weitere mögliche psychoaktive Honige*



Drei der hier aufgeführten Honige stammen aus einer oder mehreren Rhododendron-Arten. Es ist daher anzunehmen, dass die Gattung *Rhododendron* noch viele weitere berauschende Honigsorten bereithält, über die bisher nichts bekannt ist. In Bremen gibt es einen botanischen Garten, der ausschließlich Rhododendron-Arten beherbergt. Ein lokaler Imker nutzte diesen Park für seine Bienenweide und bot einen Honig exklusiv aus dem Rhododendron-Park an. Leider verschwand das Angebot, noch bevor ich ein Glas zu Testzwecken kaufen konnte. Der Honig wird seither nicht mehr angeboten. Vielleicht hatte der Honig aus dem Rhododendronpark einige für normale Konsumenten unerwünschte Nebenwirkungen und wurde deshalb nicht weiter vermarktet.

Eine weitere Pflanze, die durchaus einen psychoaktiven Honig produzieren könnte, ist der Kakao *(Theobroma cacao)*. Echter Kakao enthält mit Theobromin einen leicht psychoaktiven

Wirkstoff und wird auf Plantagen angebaut. Eigentlich ideale Voraussetzungen, um einen entsprechenden Honig ernten zu können. Leider habe ich bei meinen Recherchen sehr schnell herausgefunden, dass die Kakaoblüte nicht für Bienen konzipiert ist. Der Kakao verlässt sich bei seiner Bestäubung auf **Gnitzen,** winzige mückenähnliche Insekten – eine ungünstige Wahl, wenn man herausfindet, dass nur 0,5 bis 5 Prozent der Blüten erfolgreich bestäubt werden. Mit Blüten, die auf Bienen spezialisiert wären, sähe das bestimmt ganz anders aus. Und wir hätten einen weiteren berauschenden Honig.

Die Damiana-Pflanze *(Turnera diffusa)* wird wegen ihrer aphrodisierenden und anregenden Eigenschaften genutzt. Auch in der Pflanzenheilkunde wird sie verwendet. Ihr Vorkommen erstreckt sich auf ganz Süd- und Mittelamerika sowie Teile Nordamerikas. Aufgrund der mittlerweile weit verbreiteten Verwendung wurde Damiana zu einer großflächig angebauten Pflanze. Hauptwirkstoffe der Pflanze sind **Koffein** und **Arbutin** (vgl. Lorbeerrosen). Da diese beiden Wirkstoffe auch in den Nektaren anderer Pflanzen zu finden sind, kann man davon ausgehen, dass auch bei Damiana ein wirkstoffhaltiger Blütennektar vorliegt. Damiana wird unter anderem von Honigbienen bestäubt. Durch das gezielte Aufstellen von Bienenstöcken an einem Damianafeld könnte also theoretisch ein Damianahonig gewonnen werden, der die gleichen stimulierenden und aphrodisierenden Eigenschaften wie die Pflanze selbst aufweist. Praktische Versuche hierzu fehlen jedoch.



Die Passionsblumen (*Passiflora* ssp.) werden ebenfalls gerne von Bienen besucht. Auch sie sind psychoaktiv; in der Pflanzenheilkunde setzt man sie wegen ihrer leicht angstlösenden und beruhigenden Wirkung ein. Ihre Wirkmechanismen sind noch nicht vollständig erforscht, es wurden aber Indolalkaloide der Harmin-Gruppe nachgewiesen. Diese Alkaloide finden sich auch in der Steppenraute *(Peganum harmala)* und der Ayahuascaliane *(Banisteriopsis caapi)*. Sie sind dort für die Monoaminoxidase (MAO) hemmende Wirkung verantwortlich. Weiterhin finden sich verschiedene Flavonoide, Saponine und Quadrangulosid. Da Passionsblumen für Heilzwecke, aber auch wegen der Früchte (Maracuja) angebaut werden, wäre auch hier ein Anwandern zur Blütezeit und somit das Ernten eines eventuell schwach wirksamen Passionsblumenhonigs möglich.

*Andromeda polifolia*

Auch innerhalb der Gattung *Andromeda* (in der Familie der Heidekrautgewächse, zu der auch die Rhododendronarten zählen) gibt es einen potenziellen Kandidaten für einen berauschenden Heidehonig. Die Rosmarinheide *(Andromeda polifolia)* enthält große Mengen an Andromedotoxin. Ebenso finden sich Iridoidglykoside. Dic Pflanze ist im nördlichen Eurasien und in Nordamerika heimisch. In Deutschland ist sie eine typische Vertreterin in norddeutschen Moor- und Heidegebieten. Auch in Süddeutschland ist sie vereinzelt zu finden. Aus den Jahren 1981 und 1982 gibt es Berichte über Vergiftungen durch Honig, der sehr wahrscheinlich von dieser Pflanze stammte.



Nicht nur die Gattung *Rhododendron*, sondern die ganze Familie der Heidekrautgewächse könnte eine noch näher zu untersuchende Quelle vieler möglicherweise psychoaktiver Honigsorten sein. Viele Vertreter innerhalb dieser Familie haben sich auf die Bestäubung durch Bienen spezialisiert. Der Wirkstoff Andromedotoxin scheint typisch für diese Familie zu sein und findet sich daher in unzähligen Arten. Aber auch andere, noch wenig erforschte Wirkstoffe sind in einigen Arten zu entdecken.

*Honig vergärt bei feuchter Lagerung zu Honigwein*

# Alkoholische Getränke aus und mit Honig

Honigwein ist das älteste alkoholische Getränk der Menschheit. Anders als für die Herstellung von Wein oder Bier braucht es nicht das Zutun des Menschen, um aus Honig ein alkoholhaltiges Getränk zu machen. Honig ist hygroskopisch. Das bedeutet, er entzieht seiner Umgebung Wasser. Normalerweise liegt der Wassergehalt von Honig bei unter 20 Prozent. Solange dies so bleibt, ist der Honig nahezu ewig lange haltbar und wird nicht schlecht oder vergärt. Steigt der Wassergehalt aber auf über 20 Prozent, beginnt der Honig zu vergären. Der Zuckergehalt reicht dann nicht mehr aus, um Bakterien und Pilze zu hemmen, und wilde Hefen fangen sofort an, den Zucker des Honigs in Alkohol umzuwandeln. Mit steigendem Wassergehalt wird der Honig auch flüssiger.

Aus einem festen, trockenen Honig kann also bei der Vergärung eine flüssige alkoholische Substanz entstehen. Alles, was es dafür braucht, ist eine feuchte Lagerung des Honigs. Man kann sich sehr gut vorstellen, dass die frühen Menschen, die als nomadische Gruppen umherzogen, Honig, den sie geerntet hatten, als kostbares Gut auf ihren Wanderungen mitnahmen. Da eine trockene Lagerung des Honigs damals noch nicht zuverlässig möglich war, ist anzunehmen, dass der Honig von ganz allein zu vergären begann, wenn er eine Zeitlang gelagert wurde. Bis die Garung beginnt, dauert es nicht lange; es reichen dafür schon wenige Wochen, wenn der Honig in einer feuchten Umgebung gelagert wird.



Die Bienen selbst haben übrigens die trockene Lagerung ihres Honigs in den Waben schon vor über 40 Millionen Jahren entwickelt. Der in den Wabenzellen eingelagerte Honig wird luftdicht unter einem Wachsdeckel verschlossen. So bleibt der Honig immer frisch. Erst bei Bedarf werden dann einzelne Zellen von den Bienen geöffnet, und der Honig daraus wird schnell verbraucht. Wenn der Honig in den Waben nun von Menschen geerntet wird, werden zumindest einige dieser Wachsdeckel zerstört, da sie bei

Bewegungen der Waben sehr leicht brechen. So wird das Frischesiegel der Bienen bei der Honigernte unweigerlich zerstört, und der Honig ist anschließend der feuchten Luft ausgesetzt.

Da der Honig für die frühen Menschen etwas sehr Kostbares war, wurde so ein vergorener Honig natürlich nicht einfach weggeworfen, nur weil er sonderbar zu schmecken begann. Er wurde trotzdem konsumiert. Auch wenn vergorener Honig leicht säuerlich schmeckt, enthält er dennoch genügend Zucker, so dass er stets süß ist. Es ist davon auszugehen, dass die Menschen die nun vorhandene Alkoholwirkung im Honig sehr schnell entdeckten und schätzen lernten. Es ist denkbar, dass dieses Phänomen recht bald zu einem erwünschten Vorgang wurde und die Menschen zu experimentieren begannen, um dies schnell und erfolgreich reproduzieren zu können.

### *Met*

Das Wort **Met** stammt von dem indogermanischen Wortstamm *medhu,* was »Honig« bedeutet. Die bei uns weitherum geläufige Bezeichnung Honigmet ist also eine unnötige Doppelung. Da es sich beim Met, wie oben erwähnt, um das älteste alkoholische Getränk der Menschheit handelt, lässt sich in fast allen Teilen der Welt eine Met-Tradition nachweisen. Diese ist jedoch in den meisten Gegenden mit dem Aufkommen der Weinherstellung in Vergessenheit geraten. Lediglich in nordischen Ländern, wo es für den Weinanbau zu kalt ist, hat sich der Met bis heute eine wichtige Stellung bewahren können. Hier hat er Einzug in die Kultur und auch die Mythologie gehalten und ist zugleich zu einem Alltagsgetränk geworden.



Über Honigwein gibt es bereits viele gute Bücher, die sich in aller Ausführlichkeit mit dem Thema auseinandersetzen. An dieser Stelle möchte ich daher nur ein paar kurze Ausführungen machen.

In der germanischen Mythologie ist Met ein Göttertrunk und ein wichtiges Opfergetränk. Auch die Wikinger kannten den berauschenden Wein aus Honig. Im Mythos vom **Skaldenmet** wird von einem Trank berichtet, der jeden Trinker zu einem begnadeten

Dichter und Sänger macht. Gebraut wurde der Zaubertrank aus süßem Honig und dem Blut des weisen Wesens **Kvasir.** Dieser Mythos weist deutliche Parallelen zum Soma in der indischen Mythologie auf. Es ist daher anzunehmen, dass diese Geschichte einen noch älteren Ursprung hat. Eventuell handelte es sich um einen psychoaktiven Honig aus dem Nektar berauschender Pflanzen oder aber es war ein Honigwein, dem berauschende Zusatzstoffe – wie Cannabis, Pilze oder Bilsenkraut – zugefügt wurden.

Met war Bestandteil vieler Rituale und Festlichkeiten. Als Trankopfer wurde er den Göttern dargebracht. Zu rituellen Anlässen wurde der Met aus Trinkhörnern getrunken. Eine Eigenart dieser Hörner ist es, dass man sie aufgrund ihrer Form nicht abstellen kann. Ein so gefülltes Horn wurde daher von Mensch zu Mensch weitergegeben, nachdem alle einen großen Schluck daraus genommen hatten. Sobald das Horn leer war, wurde wieder nachgefüllt. Man kann sich gut vorstellen, dass dieses Ritual schnell zu einem starken Rausch bei den Teilnehmern führte.

In Nordeuropa hat man dem Honigwein viele Zusätze beigefügt – wohlschmeckende Kräuter zum Aromatisieren, aber auch psychoaktive Stoffe. So sind Rezepte überliefert, in denen dem Met Mädesüßkraut beigefügt wurde. Fliegenpilze und Bilsenkraut finden sich ebenfalls in einigen Rezepten. Auch die heute klare Unterscheidung von Wein und Bier gab es zu früherer Zeit nicht. Viele alkoholische Getränke waren eigentlich Honigbiere, die sowohl Malz als auch Honig als Gärstoff enthielten.



Im antiken Griechenland kannte man eine Met-Tradition, die mit dem Totenkult und der Totenbeschwörung in Zusammenhang stand. Dafür verwendete man das **Melikraton,** ein Gebräu, das entweder aus Milch und Honig oder in späterer Zeit häufiger aus Honig und Wasser angesetzt wurde.

Auch in der Heilkunde wurde Honigwein eingesetzt. Met hat, genau wie der Honig selbst, antibakterielle Eigenschaften. Als Trägerstoff für Arzneien wurden sowohl Honig als auch der vergorene Honigwein genutzt. Letzteres ergab sich oft sogar von selbst.

Wenn in den Honig eine andere Medizin eingelegt wird, die zu viel Feuchte enthält, erhöht sich der Wassergehalt des Honigs, und er beginnt zu gären. Leicht alkoholhaltige Heilweine aus Honig waren deshalb vermutlich eine viel genutzte Medizin.

Heutzutage ist der Met in der Mittelalter- und Metal-Szene sehr beliebt. Der heute gebraute und vermarktete Honigwein hat aber mit ursprünglichen Rezepten wenig zu tun und hat seine einst heilige Gestalt verloren.

Neben dem klassischen Honigwein haben sich im Laufe der Zeit lokale Spezialitäten rund um den vergorenen Honig entwickelt. Wenn man bedenkt, dass dieser alkoholische Trunk der frühen Menschen schon so lange Teil unserer Kultur ist, erscheint es nur logisch, dass in weiten Teilen der Welt im Laufe der Zeit viele ganz eigene Kreationen rund um den Honig geschaffen wurden. Über ein paar von diesen in unserem Kulturraum weniger bekannten Vertreter möchte ich an dieser Stelle kurz berichten.



## *Gvirc und Medovina*

Aus Kroatien stammt eine Honigweinkultur, die dort mit den Getränken **Gvirc** und **Medovina** bekannt ist. Es handelt sich dabei um einen klassischen Honigwein, bei dem außer Honig, Wasser und Hefe keine weiteren Zutaten beigemischt werden. Medovina bezeichnet dabei den nur wenig vergorenen Ansatz, der einen geringen Alkoholgehalt von circa 2 bis 3 Prozent aufweist und Gärungskohlensäure enthält. Dieser ähnelt stark dem Federweißen, den man in den großen Weinbaugebieten kurz nach der Weinlese in den Winzereien erhält. Das Wort Medovina geht dabei auf die im indogermanischen Sprachraum weit verbreitete Wurzel *Med* (»Honig«) zurück. *Vina* bedeutet »Wein«. *Medovina* lässt sich also grob mit »Honigwein« übersetzen. Wenn das Honiggetränk vollständig ausgegoren ist, hat es einen Alkoholgehalt von bis zu 12 Prozent und wird als *Gvirc* bezeichnet. Gvric und Medovina werden in Kroatien gut gekühlt serviert. Sie sind dort ein wichtiger Bestandteil von religiösen Feierlichkeiten.

## *Medawucha*

Aus dem slawischen Kulturraum stammt ein Getränk, das unter dem Namen **Medawucha** bekannt ist. Es handelt sich hierbei um einen aus verdünnten Fruchtsäften und Honig hergestellten Wein, der einen Alkoholgehalt von bis zu 16 Prozent aufweist. Im Unterschied zum klassischen Honigwein wird dieses Getränk mit Gärungskohlensäure getrunken. Es handelt sich also eher um eine Art Honigsekt. Auch hier bildet wieder die Wurzel *Med* den Ursprung des Wortes.

## *Sima*

Aus Finnland stammt eine weitere Honigwein-Kreation, die jedoch nur einen geringen Alkoholgehalt von 1 bis 2 Prozent aufweist. Hierzu wird Honig zusammen mit Zitronen, Rosinen und Wasser vergoren. **Sima** ist in Finnland ein beliebtes Nationalgetränk bei Frühlingsfeierlichkeiten. Der Name *Sima* leitet sich dabei von *Mesi* ab, was etwa so viel wie »Nektar« bedeutet. Moderne Rezepte und industrielle Herstellungen haben den Honig des ursprünglichen Rezeptes häufig durch Zucker ersetzt. Es finden sich jedoch auch zahlreiche alte Hausrezepte, bei denen neben den typischen Zutaten noch Dinge wie Löwenzahn, verschiedene Früchte oder Kräuter beigegeben werden. Sima wird mindestens seit dem 18. Jahrhundert in Finnland getrunken.



## *Sbiten*

Ein weiteres Honiggetränk stammt ebenfalls aus dem slawischen Kulturraum. Hier wird **Sbiten** als süßes Heißgetränk vornehmlich in den kalten Wintermonaten getrunken. Es gibt sowohl alkoholfreie als auch alkoholhaltige Varianten dieses Getränkes. Für die Zubereitung der alkoholfreien Rezepte werden Honig, Gewürze und gelegentlich Kräuter zunächst etwa eine halbe bis eine Stunde in Wasser gekocht. Im Anschluss wird der Absud abgesiebt und ist servierfertig. Beliebte Gewürze sind Muskatnuss, Zimt, Lorbeer und Nelken, selten auch Pfeffer und Kakao finden sich in manchen Rezepten. Als Kräuterbeigaben nutzt man gerne verschiedene Minzarten. Aber auch Heilkräuter aller Art werden zugefügt. Für die alkoholhaltige Variante wird häufig Hopfen mit beigegeben. Zusammen mit etwas Hefe wird der Ansatz dann zunächst vergoren und anschließend wie eine Art Glühwein getrunken. Dieses Getränk hat einen Alkoholgehalt von bis zu 6 Prozent. Der Genuss von Sbiten hat in den slawischen Ländern eine lange Tradition und ist bereits seit dem 12. Jahrhundert nachzuweisen. In der Moderne wird Sbiten häufig mit wechselnden Zutaten als tonisierendes und immunstärkendes Wintergetränk eingenommen, ähnlich wie die bei uns üblichen Heilkräutertees. In diesen Rezepten finden sich dann noch Zugaben wie etwa Ingwer oder Tanne.

### *Tedj*

Aus Äthiopien stammt ein ganz besonderer Honigwein, der **Tedj** (manchmal auch **Tej**). Es ist sozusagen das Nationalgetränk der Äthiopier und hat eine lange Tradition. War es früher noch allein der Obrigkeit vorbehalten, sich an diesem edlen Getränk zu laben (der einfachen Bevölkerung war es nur an Festtagen gestattet, von dem Wein zu kosten), so ist es heute ein Alltagsgetränk geworden, das eine ähnliche Stellung einnimmt wie bei uns das Bier. Wenn es um Tedj geht, herrscht in Äthiopien jedoch klare Geschlechtertrennung. Das Brauen ist reine Frauensache. Während der Zubereitung bleiben die Frauen unter sich und verkosten selbst das ein oder andere Gläschen eines früheren Ansatzes. Die Männer trinken den fertigen Tedj in speziellen Schenken, den **Tedjbets.** Diese Trennung von Mann und Frau beim Genuss vom Tedj wird damit begründet, dass die aphrodisierende Wirkung derart stark sei, dass es sonst zu einem öffentlichen Sittenverfall käme und alle hemmungslos übereinander herfallen würden. Auch die Gewaltbereitschaft von Männern, die vom Tedj berauscht sind, halte sich in Grenzen, wenn keine Frauen in der Nähe seien, um die man streiten könne, so eine weitere Erklärung.

Getrunken wird der Tedj aus besonderen Tedj-Gläsern. Diese auch als Tedj-Kolben bezeichneten Gefäße bestehen aus einem rundlichen Bauch, auf dem oben ein langer schmaler Hals sitzt. Die Gläser haben die Eigenart, dass sie nicht abgestellt werden können, ohne umzufallen, da sie keinen flachen Boden haben. Es sind hier Parallelen zu den Trinkhörnen zu sehen, die in den Trinkritualen der nordeuropäischen Völker verwendet wurden.

*Tedj*

Gebraut wird Tedj aus drei Hauptzutaten. Man benötigt Wasser, Wabenhonig sowie die Blätter und Stängel des afrikanischen Faulbaums, dort **Gesho** genannt *(Rhamnus prinoides)*. Der Honig wird zusammen mit dem Wasser in große Fässer gegeben, wo er von selbst zu gären beginnt. Das Wachs des Honigs setzt sich mit der Zeit oben ab und kann abgeschöpft werden. Dabei gibt man dem Ansatz immer wieder neuen Honig hinzu, wenn man das alte Wachs entnimmt. Die Blätter und Stängel des Gesho werden entweder getrocknet und dann zum gärenden Ansatz hinzugegeben oder es wird eine Abkochung erstellt, die dann mit dem Honigwein vermischt wird. Der Gesho-Baum gibt dem Wein eine bittere Note. Es existieren unzählige lokale Rezepte, bei denen man dem Ansatz teilweise noch andere Zutaten zugibt. Traditionell werden diese Rezepte innerhalb einer Familie von den Müttern an die Töchter weitergegeben.



## *Bärenfang*

**Bärenfang** ist ein Likör, der mit Honig aromatisiert und gesüßt wird. Er hat seinen Ursprung in den baltischen Ländern. Besonders verbreitet war er in Ostpreußen. Es gibt unzählige Rezepte für einen guten Bärenfang. Die wichtigsten Zutaten für einen echten Bärenfang sind Wodka, Buchweizenhonig und Fliegenpilze. Oft ist er mit Nelken und Vanille gewürzt. Auch in die Welt der modernen Spirituosen hat dieser Likör seinen Weg gefunden. Allerdings hat der Bärenfang, den man bei uns im Supermarkt kaufen kann, nur sehr wenig mit den ursprünglichen Rezepten zu tun – der zauberkräftige Trunk ist zu einem langweiligen Gesöff verkümmert. Lediglich in einigen seit Generationen überlieferten

Familienrezepten finden sich noch die berauschenden Inhaltsstoffe. Auch der Honig selbst wurde aus Geschmacksgründen angepasst. Der in alten Rezepten verwendete **Buchweizenhonig,** in manchen Gegenden auch Heidehonig, hat einen bitteren und herben Geschmack – für einen lieblichen Likör ist dies eher ungeeignet. So wird in modernen Rezepten auf milden Blütenhonig zurückgegriffen. In manchen kleinen Dörfern wird nach wie vor ein echter Bärenfang angesetzt und getrunken. In seiner ostpreußischen Heimat nennt man den Bärenfang auch **Meschkinnes** (von litauisch *meška* »Bär«).

Es heißt, der Bärenfang habe seinen Namen daher, dass Männer, die auf Bärenjagd gehen wollten, sich mit dem Likör den nötigen Mut angetrunken haben. Dies scheint aber mehr eine moderne Adaption eines alten Rituals zu sein.

Schaut man sich die traditionellen Rezepte mit Fliegenpilz an, ist es denkbar, dass der Trunk nicht genutzt wurde, um direkt vor der Bärenjagd durch den Alkohol seinen Stresslevel zu senken, sondern dass man ihn im schamanischen Kontext verwendete – vielleicht um in den durch den Fliegenpilz induzierten Visionen mit den Bärengeistern Kontakt aufzunehmen und um eine erfolgreiche und sichere Jagd zu bitten? Vielleicht spürten Schamanen berauscht vom Bärenfang die wilden Bären auf und konnten so den Jägern die Richtung aufzeigen, in der sie jagen gehen sollten. Solche schamanischen Rituale in Bezug auf die Jagd sind keine Ausnahme und daher eine denkbare Möglichkeit.

Die Wirkung des Bärenfangs hat auch schon so manchen zu lyrischen Kreationen inspiriert. In dem folgenden humoristischen Text, dessen Verfasser leider der Nachwelt unbekannt geblieben ist, wird die Wirkung des Trankes beschrieben:

*Meschkinnes nennt man diesen Trank,*
*Auf deutsch – da heißt er Bärenfang.*
*Von diesem ein, zwei Schnäpschen kleine*
*Sind gut für Kopf und Bauch und Beine.*
*Doch trinkst du mehr von dem Meschkinnes,*
*Dann wirst du völlig anderen Sinnes.*
*Zuerst versagt das Gleichgewicht –*
*Die Beine, die gehorchen nicht.*
*Dann schwindet die Gedächtniskraft,*
*Das Denken wird sehr mangelhaft.*
*Am längsten hält sich noch die Sprache.*
*Doch was man sagt, ist so'ne Sache …*

Volkstümliche Überlieferung



Der Tierarzt Heinz Harnack, der am Schlachthof zu Königsberg in Preußen wirkte, war von dem Getränk der einheimischen Bevölkerung so überwältigt, dass er seine Eindrücke in einem ausführlichen Gedicht verewigte. Auch er beschreibt unter anderem die Wirkung des hochprozentigen Trunkes. Interessant ist auch die Wortwahl, mit der er den Likör beschreibt. So schreibt er:

*Sie brau'n aus Bienenhonig dort einen Göttertrank,*
*Den gibt es nirgends so noch, das ist der »Bärenfang«.*
*Der macht das Herze lachen, läßt nicht die Gurgel ruh'n.*
*Von allen scharfen Sachen macht er am schnellsten duhn.*

Die Bezeichnung als Göttertrank lässt auf eine ursprüngliche Verwendung abseits eines rein alkoholischen Genussmittels schließen. Es ist aber anzunehmen, dass zu Zeiten Harnacks dieser Aspekt schon in Vergessenheit geraten war und der von ihm konsumierte Bärenfang lediglich eine Erinnerung an die einstige schamanische Verwendung war. Eine besondere Wirkung schreibt er dem Bärenfang dennoch zu. Hierbei steht vor allem eine aphrodisierende Wirkung im Vordergrund, was sich in folgendem Vers zeigt:

*Sie trinken um die Wette aus großen Gläsern Schnaps,*
*Der Minna am Korsette hantiert ein langer Flaps.*

Besonders geeignet scheint diese Wirkung für ältere Männer zu sein, die durch den Genuss des Trunkes zu jugendlicher Frische erblühen können:

*Der Trank, der wild befeuernd durch alle Adern kracht,*
*Der, alte Brunst erneuernd, den Greis zum Jüngling macht.*
*Er kollert durch die Därme wie höllischer Nektar,*
*Gibt drinnen eitle Wärme und macht die Augen klar.*
*Man fühlt ihn immer tosen und trinkt ihn noch und noch,*
*Durch stärkste Lederhosen brennt er zuletzt ein Loch.*

Aus *Bärenfang* von Heinz Harnack

### *Xtabentun*

Aus Yucatan stammt ein Likör, dessen Rezept durch ein altes Ritualgetränk der Maya inspiriert wurde. Dieser Likör heißt **Xtabentun** (nach dem gleichnamigen Honig). Es handelt sich um einen Likör auf Rumbasis, der mit psychoaktivem Honig aus der Pflanze *Turbina corymbosa* versetzt wird. Ebenso wird er mit verschiedenen Gewürzen, hauptsächlich Anis, aromatisiert. Der Likör enthält durch den besonderen Honig berauschende Inhaltsstoffe neben dem Alkohol. Als Wirkstoffe im Honig finden sich Lysergsäureamid (LSA) und Lysergsäurehydroxyethylamid, die chemisch mit Lysergsäurediethylamid (LSD) verwandt sind und eine ebenfalls psychotrope, wenn auch viel schwächere Wirkung aufweisen.

Eine ausführliche Beschreibung findet sich im Kapitel über den Honig aus *Turbina corymbosa.* In diesem Likör ist die Dosierung des Honigs sehr niedrig angesetzt. Eine stark berauschende Wirkung durch den enthaltenden Honig ist leider erst zu erwarten, wenn durch den hohen Alkoholgehalt schon ein starker Alkoholrausch überwiegt. Der Likör ist trotzdem ein besonderer Genuss. Selbst der unerfahrene Trinker bemerkt auch bei geringen Dosierungen zumindest, dass hier noch etwas anderes als der Alkohol am Wirken ist. Der Likör wirkt belustigend, stimmungsaufhellend und fördert das visionäre Träumen.

Es heißt, der Likör sei eine Adaption des Balché-Tranks durch die spanischen Konquistadoren. Mehr über das berauschende Ritualgetränk der Maya findet sich im Kapitel über **Xtabentun** (Honig). Die spanischen Eroberer waren demnach durchaus angetan von dem Getränk der Maya, mochten jedoch die abführende Wirkung nicht, die die Rinde des Balché-Baumes mit sich bringt. So wurde diese Zutat durch aromatischen Anis ersetzt. Mit der aufkommenden Rumproduktion wandelte sich das Getränk später von einem Honigwein in einen stark alkoholischen Likör auf Rumbasis. Der spezielle Honig blieb jedoch bis heute die wichtigste Zutat. Heute wird der Likör ausschließlich in einer kleinen Manufaktur in Yucatan hergestellt, die seit 1935 als Familienbetrieb geführt wird.

# Honig als Trägerstoff psychoaktiver und heilsamer Substanzen

Reifer Honig ist bei trockener Lagerung nahezu unbegrenzt haltbar. Der Grund hierfür ist sein hoher Zuckergehalt. In diesem Milieu haben Bakterien und Pilze keine Chance, sich zu vermehren. In Rehov, einer Gegend im Norden Israels, hat man bei archäologischen Ausgrabungen Honig gefunden, der circa 3000 Jahre alt und immer noch genießbar war. Diese konservierenden Eigenschaften haben sich die Menschen schon früh zunutze gemacht. Wenn man getrocknete Pflanzenteile, Pilze und Früchte in Honig einrührt, bleiben sie haltbar und lassen sich lange nutzen. Das Einlegen in Honig hat zudem einen weiteren Vorteil: Die in den eingelegten Stoffen enthaltenen Wirksubstanzen gehen mit der Zeit in den Honig über. So entsteht langsam ein Honig, der die gleichen pharmakologischen Eigenschaften hat wie die genutzten Reinprodukte. Ebenso vermag der süße Honig manchen unschönen Geschmack, den einige Pflanzen oder Pilze haben, zu überdecken. Es lassen sich so also lange haltbare und wohlschmeckende Honige mit pharmakologischer Wirkung herstellen.

In der Antike und im Mittelalter machte man sich diesen Effekt bei den Leckmitteln in der Medizin zunutze. Diese als **Electuarien** (von griechisch *eleikton,* »das Aufzuleckende«) bezeichneten Medikamente waren heilsame Pasten, die aus Heilpflanzen und Honig hergestellt wurden. Aus dem *Lorscher Arzneibuch* kennen wir unter anderem folgendes Rezept: Datteln, Kümmel, Ingwer, Pfeffer und Natron wurden mit Essig und Honig vermischt und dienten als Medizin gegen Erkältungskrankheiten. **Hildegard von Bingen** beschreibt das *Electuarium Galangae,* das aus Galgant (*Alpinia officinarum;* nicht mit *Kaempferia galanga* zu verwechseln), Majoran (*Origanum*), Sellerie, Pfeffer und Honig gemischt wurde und bei Halsbeschwerden helfen sollte. Auch die moderne **Apitherapie** bedient sich dieser Methode. Viele Imker bieten Honig an, in den Propolispulver eingerührt ist. So können die heilenden Eigenschaften des Propolis über den Honig aufgenommen werden. Propolis wird ansonsten in der Regel in Alkohol gelöst und dann als Tinktur verwendet. Der scharfe Geschmack und der Alkoholgehalt sind nicht für jeden etwas. Honig mit Propolis ist daher eine gute Alternative. Auch Blütenpollen und Gelee Royale sind in so manchem Honig enthalten – nicht nur wegen der heilenden und gesunden Eigenschaften der Bienenprodukte, sondern auch aus kulinarischen Gründen.

Auf diese Art und Weise lassen sich aber auch aus von Natur aus nicht berauschenden Honigen stark wirksame Psychoaktiva herstellen. Theoretisch kann man so ziemlich jeden psychoaktiven Stoff in Honig einlegen. Es eignen sich daher sowohl natürliche Substanzen wie Cannabis oder verschiedene Pilze, aber auch das Einlegen von synthetischen Reinsubstanzen wie etwa MDMA oder LSD wäre denkbar. In meinen Ausführungen werde ich mich auf Naturstoffe in pilzlicher oder pflanzlicher Form beschränken, da für diese am meisten Erfahrungswerte vorliegen. Die hier vorgestellten Rezepte verstehen sich dabei als rein theoretische Auseinandersetzung mit den Möglichkeiten und stellen keinesfalls einen Aufruf zur Herstellung oder zum Konsum solcher Zubereitungen dar.



### *Cannabis in Honig*

Wie bereits erwähnt lässt sich ein psychoaktiver Cannabis-Honig nicht auf natürliche Weise ernten. Das heißt jedoch nicht, dass es nicht möglich ist, einen berauschenden Cannabis-Honig herzustellen. Dies kann durch einfaches Einlegen von Cannabis in Honig geschehen. Sowohl die weiblichen Blütenstände als auch Blattreste, die bei der Ernte anfallen und die sich ebenso gut für die Herstellung von Butter oder Alkoholika eignen, lassen sich dafür benutzen. Wichtig ist es, dass das Pflanzenmaterial so trocken wie möglich ist, da eine zu hohe Restfeuchte den Wassergehalt des Honigs erhöhen kann und dieser dann leicht anfängt zu gären oder gar zu schimmeln.

Durch die Kombination von zwei bereits einzeln als Aphrodisiakum genutzten Zutaten ist auch das Endprodukt sehr geeignet, die Lust zu entfachen. Doch auch die anderen cannabistypischen Wirkungen erleben durch den Honig Synergieeffekte.

## Rezept mit Cannabisblüten

*Man braucht:*
*5 g Cannabisblüten*
*245 g cremigen Honig*

Die Cannabisblüten möglichst fein zermahlen und das so entstandene Pulver in den Honig einrühren. Den Honig nun ein paar Wochen lang ziehen lassen, damit sich die Wirkstoffe gut im Honig verteilen. Die wirksame Dosis liegt hier bei ½ bis 1 Teelöffel voll Honig (ca. 5–10 g) und entspricht somit einer Menge von 0,2 g Cannabisblüten. Dieser Honig ist nicht nur sehr berauschend, auch kulinarisch vermag er zu begeistern. Ein echter Leckerbissen!

### Rezept mit Blattresten

Da der Verschnitt, der bei der Cannabisernte anfällt, nur einen geringen Gehalt an THC aufweist, bedarf es hier einer sehr viel größeren Menge an Pflanzenmaterial im Honig. Hierzu füllt man ein geeignetes Gefäß mit dem Pflanzenschnitt. Anschließend wird Honig nachgefüllt, bis sämtliches Pflanzenmaterial bedeckt ist. Am besten den Honig vorher im Wasserbad erhitzen, damit er schön flüssig wird. Auch diesen Ansatz lässt man nun ein paar Wochen ziehen. Wegen der vielen enthaltenen Pflanzenteile macht es Sinn, den Honig vor dem Konsum durch ein Sieb zu gießen, um die harten und weniger genießbaren Pflanzenteile auszusieben. Auch hierbei den Honig zunächst erwärmen, um ihn flüssiger zu machen. Aufgrund des schwankenden Wirkstoffgehaltes im Ansatzmaterial ist es schwierig, eine Aussage über die wirksame Dosierung des fertigen Honigs zu machen. Man sollte sich daher wie immer vorsichtig herantasten. Eine Überdosierung beim oralen Konsum von Cannabis ist möglich und nicht sehr angenehm.



## *Pilze in Honig*

Ähnlich wie beim Einlegen von Cannabis in Honig kann man mit psychoaktiven Pilzen verfahren. Es eignen sich sowohl psilocybinhaltige Pilze als auch Fliegenpilze. Lediglich in der Dosierung unterscheiden sich die Anwendungen. Das Einlegen von Pilzen in Honig ist aus mehreren Gründen sinnvoll. Zum einen wird so der teils als eklig empfundene Geschmack der getrockneten Pilze durch den süßen Honig überdeckt, zum anderen hat der Honig eine konservierende Wirkung, und die Pilze können in dieser Form jahrelang ohne erwähnenswerte Wirkstoffeinbußen gelagert werden. Es werden hier zwei Rezepte vorgestellt, eines mit *Psilocybe cubensis,* das andere mit *Amanita muscaria.* Diese Anleitung eignet sich aber auch für alle anderen psychoaktiven Pilze. Es muss dabei nur die in den Rezepten angegebene Pilzmenge in Relation zu ihrem Wirkstoffgehalt gesehen und bei anderen Pilzen entsprechend angepasst werden.

## Honig mit *Psilocybe cubensis*

*Man braucht:*
*10 g getrocknete Pilze (*Psilocybe cubensis*)*
*240 g cremigen, festen Honig (z. B. Rapshonig)*

Ganz wichtig ist, dass die Pilze wirklich trocken sind, da sonst möglicherweise das ganze Gemisch zu gären oder zu schimmeln anfängt. Die getrockneten Pilze zu einem sehr feinen Pulver mahlen und in den Honig rühren. Es empfiehlt sich, einen cremigen, festen Honig (zum Beispiel Rapshonig) zu verwenden, da sich das Pilzpulver sonst nach einer Weile oben auf dem Honig absetzen kann.

Der Honig kann zum Einrühren des Pulvers leicht erhitzt werden, um ihn flüssiger zu machen. Dabei sollte eine Temperatur von 40 °C nicht überschritten werden, weil sonst Enzyme und andere Inhaltsstoffe, die für die konservierenden Eigenschaften des Honigs mitverantwortlich sind, zerstört werden.

Das Pilzpulver durch Rühren schön gleichmäßig im Honig verteilen. Anschließend kann man den Honig in den Kühlschrank stellen, damit er schneller wieder auskristallisiert und das Pilzpulver keine Chance hat, sich oben abzusetzen. Der Honig sollte nun mindestens vier Wochen lang ziehen, damit sich die Wirkstoffe gut verteilen können.

Den fertigen Honig bei Zimmertemperatur gut verschlossen, trocken und dunkel lagern. Wenn man alles richtig gemacht hat, steht einer Lagerung über mehrere Jahre nichts im Weg. Honig selbst ist bei richtiger Lagerung außerst lange haltbar. Da das Psilocybin im Honig vom Sauerstoff abgeschlossen ist und ebenfalls dunkel und bei unter 50 °C gelagert wird, ist auch hier kein großer Wirkstoffverlust über die Jahre zu erwarten. Erfahrungen haben gezeigt, dass ein solcher Honig auch nach mehreren Jahren noch eine potente Wirkung zeigt.

Als wirksame Dosis werden ½ bis 1 Teelöffel (ca. 5–10 g) des fertigen Honigs empfohlen. Das entspricht etwa einer Menge von 0,2–0,4 g Pilzpulver. Man sollte sich jedoch stets vorsichtig an eine wirksame Dosis herantasten.

## Honig mit *Amanita muscaria*

*Man braucht:*

*100 g getrocknete Fliegenpilze (*Amanita muscaria*)*

*250 g cremigen, festen Honig (z.B. Rapshonig)*

Im Allgemeinen verfährt man wie beim Rezept mit *Psilocybe cubensis*. Jedoch benötigt man beim Fliegenpilz mehr Pilzmasse im Honig, um ein wirksames Endprodukt zu erhalten. Daher gibt man hier 100 g trockenen Fliegenpilz auf 250 g Honig. Ansonsten wird nach der obigen Anleitung angesetzt. Eine wirksame Dosis dieses Honigs liegt dann im Bereich von 17,5 g (das entspricht etwa der Menge Honig auf einer Scheibe Brot und einer Pilzmenge von 5 g). Jedoch gilt auch hier aufgrund möglicher starker Wirkstoffschwankungen ein vorsichtiges Herantasten an die richtige Dosis. Es sollte jeder neue Ansatz zunächst in einer sehr geringen Dosierung konsumiert werden.



Auch aus den Samen der Stammpflanze des Xtabentunhonigs *(Turbina corymbosa)* lässt sich durch Einlegen ein berauschender Honig herstellen. Die Samen, die auch als **Ololiuqui** bezeichnet werden, verwenden indigene Völkern schon lange in einem schamanischen Kontext. Die wirksamen Inhaltsstoffe in den Samen gleichen denen, die auch im Nektar vorkommen. In den Samen ist ihre Konzentration jedoch am allerhöchsten. Die Samen haben im Gegensatz zu dem Honig aus *Turbina corymbosa* den Nachteil, dass viele Begleitstoffe enthalten sind, die zu unangenehmen Nebenwirkungen führen können. Ein Einlegen der Samen in Honig scheint hier die verträglichere Variante für die Einnahme zu sein – zumindest, wenn man die Samen nach dem Mazerat wieder aus dem Honig entfernt und somit nur die im Honig gelösten Inhaltsstoffe zu sich nimmt.

## Honig mit Ololiuqui

*Für einen Honigansatz benötigt man:*
*100 Ololiuqui-Samen*
*245 g Honig*

Man verfährt wie in den oben erwähnten Rezepten. Die wirksame Dosis liegt hier bei 2 bis 4 Teelöffeln des fertigen Honigs, was einer Dosierung von etwa 10 bis 20 Samen entspricht.

## Stark aphrodisierender Honig

Man braucht:
*250 g Honig*
*20 g Damiana (*Turnera diffusa*)*
*20 g Potenzholz (*Ptychopetalum olacoides*)*
*5 g Zimtstangen*
*5 g Cannabisblüten*

Alle Zutaten in den Honig einrühren und den Ansatz vier Wochen lang ziehen lassen. Der fertige Honig ist eine echte Delikatesse und wirkt in Mengen ab 1 Teelöffel stark erotisierend. Die Wirkung wird noch verstärkt, wenn man für den Ansatz Honig aus *Rhododendron ponticum* oder *Rhododendron lepidotum* verwendet.

# Honig als Aphrodisiakum

In den vorangegangenen Kapiteln habe ich bereits über die Fruchtbarkeitssymbolik der Bienen geschrieben. Es ist daher keine Überraschung, dass Honig gleich welcher Sorte seit jeher als Aphrodisiakum genutzt wird. Einige Honigsorten, wie der Pontische Honig, besitzen aufgrund ihrer pharmakologisch wirksamen Inhaltsstoffe eine nachweislich aphrodisierende Wirkung. Aber auch andere Honigsorten, ganz gleich, welche Inhaltsstoffe sie enthalten, werden als Aphrodisiakum genutzt. Generell ist natürlich der hohe Zuckergehalt des Honigs ein wichtiger Aspekt, wenn es um die anregende Wirkung von Honig geht. Aber die kulturellen Aspekte spielen wie bei vielen Substanzen die wichtigste Rolle, wenn es darum geht, zu klassifizieren, welche Stoffe als Aphrodisiaka genutzt werden. Es ist einerseits seiner Kostbarkeit zu verdanken, dass dem Honig solche Wirkungen zugesprochen werden. Alles, was selten und teuer ist, wurde irgendwann als Aphrodisiakum genutzt. Doch auch seine Symbolik als Speise der Götter selbst, als Produkt aus dem Bereich zwischen Himmel und Erde, verlieh dem Honig seine kulturelle Bedeutung.



Honig wurde gerne als anregende und erregende Speise vor dem Liebesakt konsumiert. Die goldenen Honigwaben, die mit einer göttlichen Süße aufwarten, sind dabei die Materie gewordene Energie der Sonne. Wenn man nun also den Honig verzehrt, nimmt man in gewisser Weise die schöpferische und lebensspendende Kraft der Sonne selbst in sich auf. Im Liebesakt entlädt sich diese geballte Urkraft, und man wird selbst zum Schöpfergott. Der Honig vereint dabei das männliche und weibliche Prinzip in sich. Die goldene Farbe symbolisiert die Sonnenenergie und das befruchtende Männliche. Der süße Blütennektar aus den umhüllenden Blütentiefen verkörpert die Erde und die weibliche Kraft. Die Biene selbst ist als Wesen der Lüfte ein männlicher Aspekt; die Baumhöhle, in der sich das Wabenwerk der Bienen befindet, gleicht der weiblichen Gebärmutter. Der schmerzende Stich der Biene und ihr Stachel tragen

*Minoische Göttin als Biene, aus Rhodos, 7. Jh. v. Chr.*



die männliche Energie in sich. Die stechenden Arbeiterbienen selbst sind jedoch weibliche Tiere.

Honig wurde jedoch nicht nur pur als Aphrodisiakum genutzt. Um eine besonders starke Wirkung zu erzielen, wurden dem Honig andere Stoffe beigefügt, die seine Wirkung unterstreichen und potenzieren. Dies konnten psychoaktive Substanzen wie beispielsweise Cannabis oder Pilze sein, die mit ihren Wirkstoffen Reisen in göttliche Sphären ermöglichen. Aber auch pharmakologisch weniger potente Substanzen wie Zimt, Vanille und Rosenblüten wurden wegen ihres Wohlgeschmackes, aber auch wegen ihrer Eigenschaften als Aphrodisiakum mit dem Honig vermengt. Der so entstehende aromatisierte Honig ist ein Genuss für die Sinne und regt die eigene Sinnlichkeit an. Er erweckt unsere sensorische Wahrnehmung und eröffnet uns beste Voraussetzungen für ein genussvolles Liebesspiel.

## *Majun*

**Majun** (auch *Madschun, Madgiun, Majoon*) ist eine süße Zubereitung, die vor allem im orientalischen Raum weit verbreitet ist. Es existieren zahlreiche unterschiedliche Rezepte, die je nach Zeit und Ursprung mehr oder weniger voneinander abweichen. Eine fast immer genannte Zutat ist jedoch Honig. In den meisten Rezepten werden noch ein oder mehrere psychotrope Zutaten erwähnt, was Majun ebenfalls zu einer berauschenden Honigzubereitung macht. Insbesondere eine aphrodisierende Wirkung wird dem Majun nachgesagt. Als wirksame Inhaltsstoffe werden in den meisten Überlieferungen Cannabis und Opium genannt. Aber gelegentlich finden sich auch Hinweise auf Zusätze von Stechapfel (*Datura* ssp.), Bilsenkraut (*Hyoscyamus* ssp.), weißem und rotem Oleander (*Nerium oleander*) sowie weiteren stark wirksamen Pflanzen. Die wirksamen Inhaltstoffe werden mit Honig und Gewürzen, gelegentlich noch mit Mehl und Milch zu einer festen Süßspeise vermengt. Typische Gewürze sind Nelken, Kümmel, Anis, Kardamom, Muskatnuss, Muskatblüte und Safran, aber auch Mastix und Mohnsamen. Auch Früchte und Nüsse können Bestandteil der Zubereitung sein.



Aus Marokko stammen Rezepte, die zudem Zubereitungen aus Spanischer Fliege enthalten. Ein Pulver zubereitet aus der Spanischen Fliege *(Lytta vesicatoria)* ist bekannt für seine Verwendung als Aphrodisiakum und Potenzmittel. Ein Rezept in einem von Hans-Georg Behr publizierten Werk gibt zudem mit »¼ Tasse dunkler Honig« (Behr 1982: 68) eine besondere Angabe zu dem zu verwendenden Honig. Dies kann ein Hinweis darauf sein, dass für die Herstellung von Majun der psychotrope Honig von der Schwarzmeerküste genutzt wurde. Die wirksamen Inhaltsstoffe dieses Honigs würden die Effekte und Wirkungen der Zubereitung noch intensivieren, da der Honig selbst schon eine ähnliche Wirkung zeigt. Auch die Verwendung des fast ausschließlich in Marokko zu findenden Euphorbienhonigs (Honig aus *Euphorbia resinifera*), der eine anregende und tonisierende Wirkung haben soll, ist denkbar. Sowohl der Pontische Honig als auch der

Euphorbienhonig sind von dunkler Farbe; mit ihrem Wirkspektrum und gemäß ihrer traditionellen Verwendung würden sie die angestrebte Wirkung von Majun unterstützen. Zusammen mit den Wirkstoffen der anderen Zutaten ergeben sich hier interessante Synergieeffekte.

Die Wirkung von Majun variiert natürlich je nach den verwendeten Inhaltsstoffen. Ganz typisch ist jedoch die stark aphrodisierende Wirkung von Majun. Ch.G. Thakkur beschreibt die Wirkung seines Rezeptes wie folgt: »Ekstase, ein Hochgefühl, das Gefühl zu fliegen, gesteigerter Appetit und heftige sexuelle Wünsche« (THAKKUR 1977: 317).

Dr. Christian Rätsch beschreibt in seinem Buch *Die orientalischen Fröhlichkeitspillen und verwandte Aphrodisiaka* verschiedenste historische Erwähnungen von Majun sowie den Vergleich mit artverwandten psychotropen und aphrodisierenden Zubereitungen. Hier findet sich auch eine Sammlung von historischen Rezepten.

Moderne Rezepte, die unter diesem Namen kursieren und in orientalischen Ländern auch den Touristen angeboten werden, haben mit der ursprünglichen berauschenden Zubereitung nur noch den süßen Honig gemein. Es handelt sich dabei meist um eine Süßspeise, die aus Honig, Nüssen, Früchten und Gewürzen hergestellt wird und die man als Nascherei und Dessert genießt, ähnlich dem Türkischen Nougat (auch Türkischer Honig genannt, eine Süßspeise aus Honig und Nüssen).

# Räuchern mit Bienenprodukten

Einige der von Bienen produzierten Stoffe eignen sich auch ganz hervorragend zum Räuchern. Pur oder in Räuchermischungen können sie Wohlgerüche erzeugen, heilsam sein und uns über die olfaktorischen Reize auf eine innere Reise in unser Unterbewusstsein mitnehmen. Nachfolgend möchte ich eine kurze Aufstellung geben, welche Bienenprodukte sich zum Räuchern eignen und welche Wirkung sie haben. Zum Schluss beschreibe ich noch einige Rezepte für Räuchermischungen mit Bienenprodukten.

## *Honig*

Honig findet sich als Zusatzstoff in vielen herkömmlichen Räucherprodukten. Als Bindemittel und Kleber findet er Einsatz bei der Herstellung von Räucherstäbchen und Räucherkegeln, aber auch in Räuchermischungen. Auch Tabak, der sich nicht nur rauchen, sondern auch räuchern lässt, ist häufig mit Honig aromatisiert. Honig verströmt beim Räuchern einen süßlichen Duft, darf aber nicht zu lange auf der Kohle verbleiben, da der Zucker sonst verbrennt und ein unschöner Geruch entsteht. Als Einzelräucherung ist Honig weniger geeignet, da der Eigenduft beim Räuchern nicht sonderlich intensiv ist. Zusammen mit anderen Räucherstoffen bringt der Honig jedoch süße Akzente in die Duftkomposition.

Honig schafft beim Verräuchern eine liebevolle Atmosphäre. Er steht symbolisch für Fülle, Zufriedenheit, Glück und Wohlstand. Aber auch erotisierende Kraft und die Liebe gehören zu seiner Symbolik.

## *Propolis*

Propolis als Räucherstoff ist weit weniger verbreitet als Honig. Dennoch hat auch dieser Stoff Einzug in eine bestimmte Sorte hochwertiger Räucherkegel aus dem Erzgebirge gefunden.

Propolis verströmt beim Räuchern seinen typischen Duft. Das gereinigte Propolis lässt sich wie ein Harz verarbeiten. Propolis wird insbesondere wegen seiner heilenden Wirkung genutzt. In der Apitherapie (Heilen mit Bienenprodukten) wird Propolis mit speziellen Gerätschaften verdampft und inhaliert. Dies hat insbesondere bei Erkältungs- und Atemwegserkrankungen eine positive Wirkung.

Wer auf teure Gerätschaften verzichten möchte, kann Propolis genauso gut auf einer Räucherkohle verräuchern. Dabei werden die gleichen Dämpfe freigesetzt. So lassen sich moderne Erkenntnisse der Medizin mit archaischen Ritualen verbinden. Propolis eignet sich von allen Bienenprodukten am besten zum Räuchern. Es ist sowohl in seiner Anwendbarkeit als auch in seiner Duftentwicklung durchaus mit Baumharzen zu vergleichen. Sein Duft hat eine ganz eigene Note; es ist daher eigentlich verwunderlich, dass Propolis als Räucherstoff keine größere Verbreitung gefunden hat.

Auch symbolisch hat Propolis beim Räuchern eine heilende Wirkung. Es wird bei seelischen Verletzungen und Kränkungen verwendet, wobei es eine beschützende Atmosphäre und ein Gefühl der Geborgenheit schafft. In dieser sicheren Umgebung können alte Traumata aufgegriffen und verarbeitet werden.



## *Pollen*

Pollen können von den Bienen in zwei unterschiedlichen Formen geerntet werden. Einerseits gibt es den rohen Pollen, der so, wie die Bienen ihn an ihren Pollenhöschen in den Stock eintragen, geerntet und getrocknet wird. Dies ist der **Blütenpollen,** der regulär bei den Imkern und im Handel zu bekommen ist. Die Bienen selbst fermentieren ihren Pollen aber, bevor sie ihn nutzen. Hierbei entsteht in den Wabenzellen, in denen der Pollen gelagert wird, das sogenannte **Bienenbrot (Perga).** Auch dieser fermentierte Pollen kann geerntet werden. Dies ist aber ungleich mühsamer. Deshalb ist Perga nur selten im Handel zu erwerben und kostet in

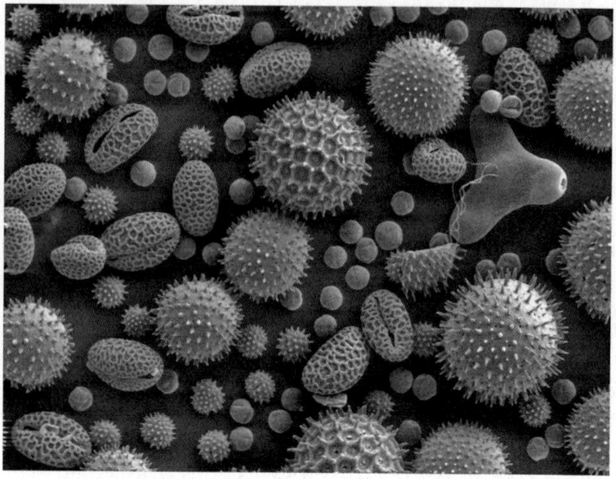

*Pollen verschiedener Pflanzen unter dem Mikroskop*



der Regel viel mehr als normaler Blütenpollen. Geräuchert werden kann sowohl der Blütenpollen als auch Perga. Mir ist derzeit kein Räucherwerk bekannt, das Pollen als Zutat verwendet. Das bedeutet aber nicht, das man es nicht für sich selbst auf der Räucherkohle anwenden kann. Als Wohlgeruch würde ich verräucherten Pollen jedoch nicht bezeichnen. Die Empfindung von Düften variiert natürlich von Mensch zu Mensch. Es mag also sein, dass Pollen und Bienenbrot für manche Menschen das Potenzial zum Lieblingsräucherduft haben. Da diese sehr viel Eiweiß enthalten, das sehr schnell durch die Hitze der Räucherkohle verbrennt, entsteht beim Verräuchern von Pollen und Bienenbrot in kurzer Zeit ein unangenehmer Verbrennungsgeruch. Nur wenn die Räucherstoffe ganz kurz auf der Glut verbleiben, lassen sich die säuerlichen und blumigen Aromen erahnen. Da aber beim Räuchern manchmal ganz bewusst Gestank eingesetzt wird, ist auch dies nicht zwangsläufig ein Ausschlusskriterium. Inwieweit Pollen beim Räuchern für Pollenallergiker ein Problem ist, ist mir aber nicht bekannt.

Pollen eignen sich besonders dann zum Räuchern, wenn man neuen Ideen Kraft geben oder die Inspiration fördern möchte. Sie stehen symbolisch für die Kraft des Neubeginns.

### *Gelee Royale*

**Gelee Royale,** auch **Weiselfuttersaft** genannt, ist eines der kostbarsten Dinge aus dem Bienenstock. Dieser spezielle Futtersaft macht aus normalen Arbeiterbienenlarven Königinnen. In der Apitherapie wird Gelee Royale als allgemein stärkendes Tonikum, zur Immunstärkung und zur Verbesserung des Gemüts und der Leistungsfähigkeit angewendet. Es handelt sich um eine dicke, trübe, weiße, Flüssigkeit mit einem leicht scharfen, zitrusartigen Geschmack. Seine Anwendung beim Räuchern hat eher symbolischen Charakter, da die zarten Aromen schnell vom Verbrennungsgeruch aufgrund des hohen Eiweißgehalts überdeckt werden.

Beim Räuchern kann die Verwendung von Gelee Royale sinnvoll sein, wenn es um das Thema Wandlung, Aufblühen oder Entfaltung des persönlichen Potenzials geht.

### *Bienen*

Ja, richtig gelesen: Auch die Bienen selbst können verräuchert werden – natürlich nicht in lebendiger Form. Dafür nutzt man tote Bienen. Diese findet man regelmäßig vor dem Flugloch der Bienenstöcke. Dort können sie dann gesammelt werden, wenn man schnell genug ist. Viele Vögel sind ganz scharf auf diese Gratis-Leckerbissen. Beim Duft von toten Bienen auf der Kohle sollte man kein sinnliches Duftvergnügen erwarten. Man kann eher mit beißendem Gestank rechnen. Aber wie gesagt, auch dies kann für manche Rituale sinnvoll sein. Wenn es beim Räuchern mehr um das Ritual und die Symbolik gehen soll als um Duft, sind Bedeutung und Herkunft der Räucherstoffe wichtiger als ihre Gerüche.



Es kann durchaus sinnvoll sein, die Bienen in die Räucherung zu integrieren, wenn es um Rituale rund um die Imkerei und Bienen geht. Für den Gebrauch im Alltag ist dieser Räucherstoff aber weniger geeignet. Die Bienen stehen hier symbolisch für Leben und Fruchtbarkeit. Aber auch Tod und Vergänglichkeit sind Teil ihrer Bedeutung. So sind sie auch ein Zeichen für den ewigen Kreislauf von Leben und Tod.

## Räuchermischung »Bienen«

Diese Räuchermischung besteht ausschließlich aus Räucherstoffen, die einen direkten Bezug zu den Bienen haben. Sie eignet sich daher für Räucherungen, bei denen man sich geistig mit dem Wesen der Biene verbinden will. Die Räucherstoffe können zu gleichen Teilen verräuchert werden:

*Propolis*
*Fichtenharz*
*Mädesüß*
*Weißer Salbei*
*Honigweihrauch*
*Heidekraut*
*Rosenblüten*

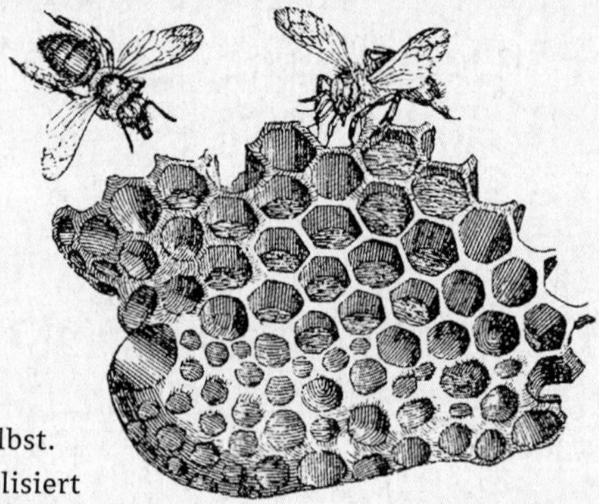



Propolis als Bienenprodukt repräsentiert natürlich die Bienen selbst. Das Fichtenharz symbolisiert den Wald, den natürlichen Lebensraum der Bienen. Mädesüß ist, wie im Kapitel *Bienenfolklore* genauer beschrieben, ein altes Zauberkraut der Imker. Der weiße Salbei *(Salvia apiana)* wird auch Bienensalbei genannt und ist eine von den Bienen sehr gerne besuchte Nektarpflanze. Honigweihrauch ist eine spezielle Weihrauchsorte, die einen honigartigen Geruch hat. Das Heidekraut ist eine der wichtigsten Trachtpflanzen für die Bienen im Spätsommer. Die Rosenblüten stehen als Sinnbild für alle wohlduftenden Blütenpflanzen, die den Bienen reichlich Nektar spenden.

## Liebesräucherung

Die folgende Räuchermischung eignet sich, um eine romantische, liebevolle Atmosphäre zu schaffen.
Hierzu benötigt man:

*2 Teile Styrax*
*2 Teile Sandelholz*
*1 Teil Zimt*
*1 Teil Rosenblüten*
*1 Teil Honig*

Die Räucherstoffe werden zu einem feinen Pulver zermahlen und mit dem Honig vermengt. Aus dem so entstehenden Teig kann man kleine Kügelchen formen, die dann getrocknet auf der Räucherkohle verräuchert werden können.

## Aphrodisierende Räuchermischung



Diese Mischung eignet sich, um eine erotische Atmosphäre zu schaffen und die Lust zu fördern. Hierzu nimmt man:

*4 Teile Sandelholz*
*2 Teile Zimt*
*1 Teil Dilsenkrautsamen*
*2 Teile Styrax*
*2 Teile Patschuliblätter*
*1 Teil Honig*
*1 Teil Rotwein*

Die Räucherstoffe können in grober Form vermischt werden und werden dann zum Trocknen offen stehen gelassen. Nach ein paar Tagen kann die Räuchermischung auf der Räucherkohle verräuchert werden. Diese Mischung sollte jedoch nicht zu lange auf der Kohle verbleiben, sondern immer wieder frisch nachgelegt werden.

*John Thorley: Melisselogia. Or, the female monarchy. Being an enquiry into the nature, order, and government of bees, those admirable, instructive and useful insects. 1744*

# Nachwort und Dank

Als vor knapp sieben Jahren die Idee für dieses Buch in mir aufkeimte, ahnte ich noch nicht, welch spannende Welten mich bei meinen Recherchen erwarten würden. Dabei war es ursprünglich gar nicht meine Intention gewesen, selbst ein Buch über dieses Thema zu schreiben. Vielmehr war ich als junger Mensch, der sich für die Imkerei und gleichermaßen für die psychoaktiven Substanzen aus der Natur interessierte, eigentlich nur auf der Suche nach mehr Informationen über dieses Thema. Erstaunt war ich dann, als ich feststellte, dass noch niemand ein Buch über die berauschenden Honige geschrieben hatte und auch sonst wenig Quellen existieren. Die Menschen, die sich für psychoaktive Substanzen interessierten, hatten in der Regel keine bis wenig Ahnung von der Imkerei und den Bienen. Und in der Imkerschaft wollte niemand etwas mit den bösen Drogen zu tun haben. Ich vereinte in mir also eine ungewöhnliche Kombination an Interessensgebieten. So entstand die Idee, mich selbst umfassend mit dem Gebiet zu beschäftigen und meine Erkenntnisse in einem Buch zu veröffentlichen.



Viel Zeit ist seit den Anfängen vergangen. Das Buchprojekt musste mehrmals länger pausieren; es wurde neu konzipiert, Kapitel wurden von Grund auf neu geschrieben, bis das Buch nun tatsächlich das Licht der Bücherwelt erblicken konnte. Ich bin dankbar und stolz, dass das Wissen um dieses Themengebiet nun einen Platz in der Welt der Bücher einnehmen darf, damit Interessierte nun auf ein Werk zurückgreifen können, das zumindest einige Informationen über die berauschenden Seiten der Bienen bereitstellt. Natürlich ist dies nur eine erste Auseinandersetzung mit dem Themengebiet. Zahlreiche noch ungeklärte Fragestellungen lassen genügend Raum für künftige Forschungen. So ist insbesondere die chemische Analyse der verschiedenen Honigsorten in Hinblick auf ihre Rauschwirkung ein Thema, dem man sich annehmen sollte. Derlei Untersuchungen gab es bisher ausschließlich beim Teeblütenhonig.

Durch die Ausbreitung der Zivilisation verändert sich unsere Umwelt. Die Artenvielfalt geht immer mehr zurück. Dies ist natürlich auf der einen S. eine ökologische Katastrophe; auf der anderen S. können diese Veränderungen in Hinblick auf berauschende Honige neue Chancen bieten. So ist es denkbar, dass natürliche Voraussetzungen entstehen, durch die jetzt ein reiner Honig von bisher unentdeckten psychoaktiven Pflanzennektaren geerntet werden kann. Wo vorher viele Blüten die Wildnis zierten und der Honig so eine bunte Mischung war, blühen vielerorts nur noch wenige Arten.

Mein Interesse gilt bei meinen weiteren Forschungen vor allem dem nordamerikanischen Kontinent und den dort wachsenden berauschenden Pflanzen. Ich denke, dass sich hier noch viele bisher unentdeckte Schätze auftun werden. Auch die meskalinhaltigen Kakteen, von denen einige ebenfalls die neuen Bestäuber aus der westlichen Welt anziehen, scheinen vielversprechend zu sein. Ebenso sind Honigtau-Honige, bei denen Pflanzen, die sonst für Bienen nicht interessant sind, als Honiggrundlage dienen, wohl ein Forschungsfeld für künftige Studien.



Vielen Personen, die mich auf meinem Weg unterstützt haben, gilt dabei mein Dank. Besonders möchte ich Christian Rätsch und Claudia Müller-Ebeling danken, die mich ermutigt haben, dieses Projekt weiterzuverfolgen und mir so manchen Denkanstoß gegeben haben. Auch Svenja Zuther, an deren magischem Seminarort ich viele Inspirationen und Zeiten der Muse erleben durfte, danke ich von Herzen. Vanessa Michels, die mir von den Anfängen bis heute liebend zur S. stand, danke ich für die seelische, geistige und emotionale Unterstützung und ihr Verständnis in all den Stunden, in denen die Arbeit an diesem Manuskript meine Zeit in Anspruch genommen hat.

Ein ganz besonderer Dank gilt natürlich den Bienen selbst. Wie oft habe ich am Flugloch der Bienen gesessen und gelegen, habe dem Gesumme gelauscht und mich vom regen Treiben hypnotisieren lassen. In meditativer Besinnung kamen hier viele Inspirationen und Eingebungen, die, so bin ich mir sicher, aus dem unendlichen Wissen der Bienen selbst stammen.

## Quellen und weiterführende Literatur


Behr, Hans-Georg: Von Hanf ist die Rede. Sphinx Verlag 1982

Berger, Markus: Stechapfel und Engelstrompete. Nachtschatten Verlag 2003

Busch, W.: Umsäuselt von sumsenden Bienen, Wallstein 2016

Crane, Eva: The Archaeology of Beekeeping. Cornell University Press, 1983

Dalio, J. S.: *Cannabis sativa* - An Important Subsistence Pollen Source for *Apis mellifera.* Journal of Pharmacy and Biological Sciences, Volume 1, Issue 4 (July-August 2012)

Desel, H., Neurath, H.: Vergiftungen mit »Pontischem Honig«. Toxichem + Krimtech, Mitteilungsblatt der Gesellschaft für Toxikologische und Forensische Chemie. Nr. 65, 1998, S. 63–64

Dulti, Ralph: Das Lied vom Honig: Eine kleine Kulturgeschichte der Bienen. Wallstein 2012

Flicker, N. R., Grab, H., Poveda, K.: The Bee Community of *Cannabis sativa* and Corresponding Effects of Landscape Composition. Environmental Entomology, Volume 49, Issue 1, February 2020, P. 197–202 doi.org/10.1093/ee/nvz141, abgerufen am 16.2.2020





Gerke, R., Fahrenkrog, U., Löllgen, H.: Synkope bei einem jungen Mann türkischer Herkunft. Der Internist Nr. 44, 2003, ISSN 0020-9554, S. 1308–1312

Gimbutas, Marija: Göttinnen und Götter im Alten Europa. Arun Verlag 2010

Imkerverein Luzern: Der Korbimker. saxoniabuch 2018

Jung-Hoffman, Irmgard (Hrsg.): Bienenbäume, Figurenstöcke und Bannkörbe. Förderkreis der naturwissenschaftlichen Museen Berlins e.V., 1993

Krause, H.: Über den giftigen Honig des pontischen Kleinasien, Naturwissenschaften Nr. 14, 1926, ISSN 0028-1042

Müller-Ebeling, C., Rätsch, C.: Lexikon der Liebesmittel, AT Verlag 2004

Müller-Ebeling, C., Rätsch, C.: Isoldens Liebestrank, Kindler Verlag 1986

Ott, Jonathan: The Delphic Bee, Economic Botany 52(3):260-266, 1998

O'Brien, C., Arathi, H. S.: Bee diversity and abundance on flowers of industrial hemp (*Cannabis sativa* L.). Biomass and Bioenergy, Elsevier, März 2019

Pepperell, Susan: Four charges laid over toxic honey. *The Sunday Star-Times* 15.02.2009 www.stuff.co.nz/national/1401506/Four-charges-laid-over-toxic-honey, abgerufen am 15.8.2019

Radt, S. (Hrsg.): Strabons Geographika. Band 6. Vandenhoeck & Ruprecht 2004

Rätsch, Christian: Enzyklopädie der psychoaktiven Pflanzen, AT Verlag, 2018 (14. Auflage)

Rätsch, Christian (Hrsg.): Chactun – Die Götter der Maya. Eugen Diederichs Verlag 1986

Rätsch, Christian: Vom Forscher, der auszog, das Zaubern zu lernen. Wilhelm Heyne Verlag 2010

Rätsch, Christian: Der Heilige Hain. AT Verlag 2009

Rätsch, Christian: Urbock – Bier jenseits von Hopfen und Malz, AT Verlag 1996

Rätsch, Christian: Die orientalischen Fröhlichkeitspillen und verwandte Aphrodisiaka. VWB Verlag 1995

Roth, Lutz (Hrsg.): Giftpflanzen – Pflanzengifte. Ecomed Verlagsgesellschaft AG & Co. KG 1994

Roth, L., Frank, H., Korman, K.: Giftpilze – Pilzgifte. Nikol Verlagsgesellschaft mbh & Co. KG 1990

Rüdiger, Wilhelm: Ihr Name ist Apis. Kulturgeschichte der Biene. Ehrenwirth Verlag 1984

Saito, K., Nagahashi, R., Ikeda, M., Nakam, Y.: Honeybee (*Apis mellifera* L., Hymenoptera: Apidae) Produce Honey from Flowers of Tea Plants (*Camellia sinensis* L.,Theaceae) American Journal of Experimental Agriculture 10(4): 1-4, 2016, Article no. AJEA.21811, ISSN: 2231-0606

Teuscher, E., Lindequist, U.: Biogene Gifte: Biologie – Chemie; Pharmakologie – Toxikologie. Wissenschaftliche Verlagsgesellschaft 2010

Thakkur, C.: Ayurveda: Die indische Heil- und Lebenskunst. Bauer Verlag, 1977

Valli, Eric, Summers, Diane: Honigjäger in Nepal, Blackenstein Verlag, 1988

Verein Schweizer Hanffreunde (VSHF): Bienensterben gestoppt; Bundesamt ist dagegen. https://asac.ch/index.php/language/de/2010/05/12/communique-12-05-2010/#more-17114, abgerufen am 14.02.2020

Verein Schweizer Hanffreunde (VSHF): Schweizer Industriehanf: Bienensterben bleibt aus. https://asac.ch/index.php/language/de/2009/03/22/communique-22-03-2009/#more-17086, abgerufen am 14.02.2020

Xenophon: Anabasis. Übersetzung von H. Vretska. Reclam, 1983

## Bildquellen

S. 12: Achillea/Wikimedia Commons; S. 16: Public Domain; S. 24: Rama19920, Wikimedia Commons; S. 28: Historia Deorum Fatidicorum (1675); S. 42: Keith Schengali-Roberts, Wikimedia Commons; S. 46: Richard Bartz, Wikimedia Commons; S. 65: Pearson Scott Foresman; S. 67: Curtis Botanical Magazine 1850; S. 68: Pixabay; S. 80: Köhler's Medizinal-Pflanzen; S. 85: Rawpixel; S. 86: Pxhere; S. 93: Rod Waddington, Wikimedia Commons; S. 98: Richard Bartz, Wikimedia Commons; S. 101: Botanica, Wikimedia Commons; S. 103: Shutterstock, S. 104: Biodiversity Heritage Library; S. 105 oben: The Honest Drug Book; S. 105 unten: Wandmalerei aus Pompej, Public Domain; S. 112: Dartmouth College Electron Microscope Facility; S. 116: www.biodiversitylibrary.org; S. 119: Untersuchungen über Thierstaaten, Carl Vogt, 1851.

## Über den Autor

Foto: Vanessa Michels

Fabian Kalis (geboren 1990), Vater zweier Kinder, lebt als selbstständiger Imker, Ethnobiologe und Naturerlebnispädagoge mit seiner Familie in einem Dorf in der Palinger Heide. Er studierte Natur- und Umweltpädagogik und ist überzeugter Barfußläufer. Seit 2010 beschäftigt er sich mit Bienen, macht sich schließlich mit einer naturnahen Imkerei selbständig und studiert anschließend Natur- und Umweltpädagogik. Kalis' großes Interesse gilt der ethnozoologischen Erforschung der Bienen. In diesem Fach ergründet er traditionelle Imker-Riten und -Praktiken, Bienen in Mythologie und Folklore sowie das Mysterium von psychoaktivem Honig.

Das Magazin für psychoaktive Kultur
Lucys Rausch
HANF · ETHNOBOTANIK · KULTUR · WISSENSCHAFT
Lucys Rausch
Forum für veränderte Bewusstseinszustände
Das Magazin für psychoaktive Kultur
Lucys Rausch
HANF
ETHNOBOTANIK
KULTUR
WISSENSCHAFT
Cannabis weltweit
Naturprodukt Psilohuasca
SCHWERPUNKT
Regulierter Rausch
STANISLAV GROF
«Wir sind kosmische Energie»
Der Bewusstseinsforscher über sein Lebenswerk
lucys-magazin.com
NACHTSCHATTEN VERLAG
Nachtschatten Verlag AG
Kronengasse 11
CH-4500 Solothurn
www.nachtschatten.ch
info@nachtschatten.ch